我愛鳥零距離

A

Close

C

Encounter

My Heart Flying
With You,
Little Birdy.

鏡頭下的精靈，
我的心跟著妳飛

文字・攝影——**莊勝雄**

太雅

contents

一張照片
牽動對鳥兒的
一世情

回想當初，因為看到了一張拍得十分漂亮的台灣藍鵲照片，引發我的賞鳥興趣，從那時候起開始學著賞鳥、認識鳥種到拿起相機拍鳥，不知不覺竟然已經過了快三十年。

在這段不算短的日子裡，除了累積一些賞鳥知識，也累積了不少鳥照片，心想，也應該對這些照片作個有系統整理的時候了。

用照片記錄鳥的生活點滴

因此，我把拍鳥以來的照片全部整理出來，收集在本書裡，分成三部分，第一部分是綜合性的，依照主題來分，共有十個主題，分別記錄了我鏡頭下的鳥兒種種生態，看看牠們的出生、死亡、歡樂、憤怒和哀愁，以及牠們在一些艱困的自然環境中的因應方法。

第二部分記錄的都是固定鳥點的照片，也就是每一年都可以在一些固定鳥點拍到的鳥兒照片。本書重點在這部分，本著我強調的「看得到，拍得到」的原則，我會告訴大家這些照片是在哪兒拍的，什麼季節？什麼時間？是上午還是下午？當時的拍攝數據，包括光圈、快門、Iso等等，另外再分享我拍攝時的一些感想和觀察。

第三部分的鳥照片，則不是每一年都會來到台灣和可拍到的，有的更不是出現在固定鳥點。這些鳥照片則是可遇不可求的，但這樣的鳥常常會是稀有的大迷鳥。像是2012年2月出現在宜蘭壯圍的白頭鶴，這是很罕見的大迷鳥，是全球保護的瀕危鳥類。因此也無法事先告訴你到哪兒去拍，所以這些照片就純欣賞了。

除了照片之外，在文字方面，因為工作的關係，這幾年來，也陸續在聯合報和聯合晚報上寫了一些跟賞鳥有關的文章，尤其是聯合晚報，除了在聯合晚報的臉書粉絲團每天貼出一張鳥照片，還固定在每週五的私房景點版寫「我的鳥地方」專欄，介紹全台各地的鳥點，至今也陸續介紹了30幾處鳥點。

我從這些鳥點中選出20幾處，再分成「台灣十大著名鳥點」和「鳥人常去的一般鳥點」兩部分，希望給想要賞鳥、拍鳥，卻找不到鳥點的朋友們一些小小的指引。

對鳥兒的雀躍與感動，始終如一

一直以來，我始終覺得，賞鳥、拍鳥是很知性、愉快的活動。

在閒暇的日子裡，帶著望遠鏡和相機，懷抱喜悅的心，找到一處鳥點，或是坐下來，靜靜等著鳥兒出現，或是走在山徑上，循著鳥叫聲，尋找在枝頭綠葉間跳躍的鳥兒。

幸運的話，鳥兒就出現在眼前，透過相機鏡頭被記錄在記憶卡裡，或是在望遠鏡裡欣賞牠們美麗的羽毛，在我心中留下美好的記憶。

但也可能大半天或一整天，就耗在這種無盡的等待或追尋中，卻沒看到心目中想要看的鳥兒。

不管是什麼情況，愉快的心情卻總是不變的。

更重要的是，在這麼多年的賞鳥、拍鳥過程中，看到的不僅是出現在這島上無數的美麗鳥兒，也讓我看到了這個美麗寶島家園的各個角落：山上、海濱、田野、溪邊、密林深處、美麗的公園和校園。也因而引導我更深入地去關心台灣各個角落的生態自然環境的變化。這讓我憂喜參半。

憂的是，在賞鳥過程中，讓我發現，由於人口增加和過度開發的結果，在台灣能夠讓鳥兒自由自在生活的環境，不但越來越少，也越來越惡化。

經常在拍鳥時，必須讓鏡頭盡量避開鳥兒身邊的垃圾和廢棄物，特別是在海邊。常常今年鳥況很好的鳥點，但明年再度前往時，不是已經消失不見，就是被堆滿雜物和垃圾。

喜的是，經過多年來大家的努力，生態保育觀念已經深植在台灣各階層人士的心中，很多鳥點都會受到大家的刻意保護，也因此，很多保育鳥類的數量已在逐漸增加當中。

心動不如行動。趕快拿起你的望遠鏡或相機，跟著我到野外走走，尋找鳥兒的蹤影，聽聽鳥兒的鳴唱，欣賞眼前美麗風光。

當然，最重要的，賞鳥、拍鳥時，要永遠帶著愉快的心情。

推薦序│朱家瑩

愛鳥人與
鳥兒的親密互動

前民生報、聯合報記者
主跑賞鳥、生態旅遊、戶外活動
現在為自由撰稿人

多年來，我因為採訪賞鳥活動而結識了不少愛鳥人。這些愛鳥人有著各式各樣愛鳥的不同理由，有的欣賞鳥兒繽紛多彩的身形與羽色，有的著迷於鳥兒在大自然中展現的生命力，也有的，只是單純把牠們當作好朋友，想要時時親近這些可愛的小精靈。

不管愛鳥的理由為何，大家似乎都能同意，愛牠就要讓牠自由飛翔在天空。但，如何能讓鳥兒自由飛翔，又能讓我們這些愛鳥人，像手到擒來一樣，想念牠們的時候，可以隨時欣賞牠們可愛的身影？那就要靠鳥類生態攝影者耐心的守候和高超的技術了。

一幀精彩的鳥照片取決於一顆愛鳥人的心

鳥類生態攝影者用鏡頭凍結住鳥兒飛翔、覓食、沐浴、育雛的瞬間，讓愛鳥人可以不用遠赴野地，也能欣賞到野鳥之美，這就像隨旅行者臥遊乾坤一樣，雖然未能親臨實境，卻別有一番從容隨意的野趣。我自己本身就相當喜歡欣賞鳥類生態攝影的作品，從那一幀幀栩栩如生的照片中，這些呼之欲出的小精靈不再稍縱即逝，也不再遙不可及。

近年來拜數位攝影之賜，用相機去捕捉鳥兒生動活潑的生態似乎已非難事。鳥類生態攝影甚至已經成為數位攝影領域的顯學之一，手擁大砲的攝影愛好者人數激增，每次只要有某個地方傳出稀有鳥況，現場總是數十架長鏡頭一字排開，網路上也到處流傳著攝影愛好者分享的照片。

我為了寫作有關生態旅遊的報導，也經常參考、觀賞來自各方的鳥類生態照片。漸漸地我發現，儘管大家拍的目標都一樣，卻並不是每一張照片都能觸動人心。一幀能夠感動人的鳥照片，除了要能捕捉到鳥兒生動的身形姿態，更為重要的，是能夠傳達出拍攝者對於鳥兒的關愛之心，一顆愛鳥人的心。

用三十年拍出每隻鳥兒生命力的感動

莊勝雄兄沈浸鳥類攝影三十年，為了拍鳥、賞鳥，幾乎把業餘的時間全數投入在這裡面，三十年來跑遍全台，累積出不下數千幀的精彩作品。我從他的作品裡面，除了看到純熟的技術、無倦的

守候，還看到了他熱愛鳥兒的心。出現在他作品中的鳥兒，或者若有所思，或者怡然自得，或者氣急敗壞，又或者得意洋洋，總之每一隻都那麼有表情，那麼生動自然。如果不是拍攝影有一顆關愛牠們的心，又怎麼能觀察入微，拍出如此精彩的作品？

很高興看到這些作品能被編輯成書，我相信讀者們在欣賞這些作品時，一定能領略到攝影者透過畫面想要分享給大家的，那個充滿趣味的鳥世界。想要開始投入鳥類攝影的朋友也能從這本書裡面得到不少寶貴的經驗和知識。嚮往野鳥們的花花世界？就從這裡開始，與鳥兒們來一個零距離的相遇吧！

Chapter 1

鳥界
精采生活

在長達三十年的賞鳥、拍鳥歲月中，看過無數的美麗鳥兒，看著
牠們孵出小鳥，看著牠們辛苦哺餵小鳥，看著牠們到處覓食，看
著牠們飛翔、嬉戲，看著牠們在各種天候下努力求生存，看著牠
們在這些過程表現出欣喜、歡樂、憤怒或驚恐的各種情緒，甚
至看到牠們的死亡。突然覺得，鳥兒其實也跟我們一樣，看著牠
們，也等於是在看我們自己的一生。

生之喜悅

──親情篇

每次看到鳥巢中出現新生小鳥，或是久等多天後的五色鳥小貝比終於探出頭來看這個陌生世界，都會打從心裡生出一股暖意：又有新生命來到這個世界，即使牠們只是小小的鳥兒，但很快就會長成成鳥，向我們展示牠們的美麗身影，這就好像看到我們自家的小寶貝，從出生後一路成長，一路帶給我們無窮的希望和喜悅一樣。

台灣藍鵲

1	2
3	4

1. 難得在台北木柵動物園裡看到這個台灣藍鵲家族誕生了新生命，一共有三隻小小藍鵲。

2. 高興得合不攏嘴的藍鵲媽媽。

3. 藍鵲爸爸也來探班。

4. 嗨，來看看我家寶貝吧！

黑枕藍鶲

1. 黑枕藍鶲媽媽守著巢兒，神情緊張。

2. 媽媽累了，換黑枕藍鶲爸爸來站崗。

3. 原來巢裡有小鳥寶寶，這隻小鳥眼睛還未張開哩！

4. 哈，有子(女)萬事足。

<table>
<tr><td>1</td><td>2</td></tr>
<tr><td>3</td><td>4</td></tr>
</table>

植物園，
新生鳥兒齊滿堂

到了鳥兒繁殖季，台北植物園也開始熱鬧起來，到處可看到鳥兒的全家福，讓大家也能感受到新生命誕生的喜悅。

1. 黑冠麻鷺巢裡，一下子添了三隻小寶寶，好像擠了點。

2. 白腹秧雞帶著三隻好像黑麻糬的寶寶走在荷葉上。

3. 來，媽媽親親。

4. 紅冠水雞帶著兩隻小雞亮相。

<table>
<tr><td>1</td><td>2</td></tr>
<tr><td>3</td><td>4</td></tr>
</table>

為誰辛苦
為誰忙
——育雛篇

小鳥孵出後，馬上就可見證鳥父母的辛苦，真是天下父母心，為誰辛苦為誰忙，天下的父母都是一樣的，不管是人類或是小小的鳥兒。

因為要讓小鳥在最短時間內快速長大，快速長出羽毛，以便離巢自行生活。鳥父母們都是卯起來拚命餵小鳥。每天一大早，鳥父母就開始離巢去尋找食物，把食物咬在嘴裡，然後飛回巢中餵食。從早到晚，鳥父母就這樣忙個不停，最忙的時候，大概每隔二十分鐘就要來回一趟。鳥父母咬回來的食物五花八門，有種子、果實、昆蟲，甚至還有小蛇和蜥蜴。

除了餵食，鳥父母還要負責巢中的清潔，不斷地把小鳥排出的排泄物咬在嘴裡，帶出巢外處理。

賞鳥、拍鳥時，不要忘了向這些既辛苦又偉大的鳥爸爸、鳥媽媽致上敬意。

鳥寶寶肚子餓了，開始發出叫聲。

來了，來了，這隻大螳螂夠吃了。

紅紅果子鮮嫩多汁哦！

五色鳥

在五色鳥育雛期間，每天都可看到這樣的畫面：五色鳥媽媽(爸爸)從很遠的地方找到食物，可能是幾粒果子，可能是一隻蚱蜢，也可能是一隻蜥蜴，牠們把食物咬在口中，急急忙忙飛回來餵食巢中的鳥寶寶。鳥媽媽和鳥爸爸一天要這樣子餵食寶寶十幾次，為誰辛苦為誰忙？看到這樣的畫面一再出現在眼前，一股暖流不禁湧上心頭。

寶貝餓壞了吧，快來吃！

餵養巢裡的小鳥寶寶相當辛苦，五色
鳥爸媽必須來回接力，飛進飛出，忙
個不停。

寶貝，再來隻金龜子。

這時候的雀榕果子最好吃。

我一共帶回來三粒果果哦！

餵食完畢後，成鳥還要把小鳥的排洩
物含在嘴裡帶出。

餵食工作太辛苦，常常要鳥爸爸和鳥
媽媽分工合作，經常看到鳥爸爸剛回
來，鳥媽媽就要飛出去覓食，一刻也
閒不下來。

黑枕藍鶲

巢中這兩隻小黑枕藍鶲食量很大，一直吃個不停，累得爸媽不斷去找食物回來餵食，拍攝時，這隻藍爸爸剛餵完兩小傢伙，但小傢伙卻馬上又哇哇大叫，表示還吃不飽，鳥爸爸很無奈，只好也仰頭跟著大叫，請求支援。這父子三鳥仰天哀叫後，鳥媽媽很快趕來支援，及時帶了食物回巢，總算讓小鳥吃飽了。

```
1
2 ─────
3
```

1. 藍爸爸餵不飽兩隻小寶寶，只好跟
   著寶寶一起呼叫求援。

2. 藍媽媽馬上趕到，接下餵食工作。

3. 媽媽出馬，一切搞定，寶寶不再叫
   了。

黃鸝

1 2

1. 寶貝，媽媽回來了。

2. 小黃鸝鳥兒張大了嘴迎接媽媽，顯然是餓壞了。

小啄木

1 2

1. 台南巴克禮公園裡的小啄木，每到春天，就開始忙碌起來。

2. 一趟又一趟，忙著餵巢中的小鳥。

我飛
我飛
——飛翔篇

數位相機問世後，攝影器材(機身和鏡頭)的製造技術也跟著突飛猛進，在硬體科技的加持下，要拍出一張清晰的鳥照片，已經不是難事，於是，眾鳥友們開始更上一層樓，流行拍起鳥類的飛行照來。當然，要拍鳥的飛行照，是有相當難度的，這牽涉到使用攝影器材的對焦速度和準確度，另外還要考慮到鳥兒的大小、飛行高度和速度等等問題。一開始拍時，鐵定手忙腳亂，但只要選對攝影器材，調對了光圈、快門、ISO等，再多多練習，不久，就可以拍出精采的鳥兒飛行照。

拍到鳥的飛行照後，等於開啟了另一扇賞鳥的大門，因為已經從靜態進步到動態，鳥兒不是靜靜站在枝頭上，而是飛翔在空中，雙翅展開，把牠們最漂亮的鳥羽，和最優雅的飛行姿態，整個呈現在你的面前。

看到鳥兒們如此優雅飛行，我不禁要大叫，上帝，也請賜我一雙翅膀吧！

台灣藍鵲

藍鵲一飛起來，雙翅全開，毫不吝嗇
地讓我們欣賞牠的羽毛之美。

黑鳶

最喜歡看在基隆港區四周的高樓大廈之間飛行，總覺得牠就像個巡弋大都會的港區遊子。

黑尾鷗

緊抿著嘴，這隻黑尾鷗在基隆港裡很認真地飛著，繞著港區一遍又一遍飛個不停。

鳳頭燕鷗

鳳頭燕鷗有著長而強健的翅膀，所以，看牠飛翔時好像極其輕鬆。

魚鷹

即使飛翔在很高的高空中，魚鷹的銳
利雙眼還是緊盯著下面水中的魚兒。

栗喉蜂虎

看看栗喉蜂虎飛行在半空中的凶狠神
情，牠隨時準備出擊，一嘴咬住空中
的蜜蜂和飛蛾。

高翹鴴

成群的高翹鴴飛過水面，最吸引人的
是牠們紅紅的長腳，一大群，美麗如
林啊！

好花好鳥
最相配
——花與鳥篇

常說好花要綠葉相陪襯。漂亮的鳥兒呢？我覺得最適合配上漂亮的花兒了。就以最常見的普鳥綠繡眼來說，牠們的羽色不是最漂亮的，但牠們最喜歡往花叢裡鑽，所以，反倒成為我最喜歡拍攝的鳥兒，尤其是在櫻花和木棉花盛開的時候，綠繡眼青綠的身影和紅紅一片的花海配在一起，那是最美的畫面了。還有，普遍到不行的普鳥白頭翁，當牠們站在盛開的荷花上時，照樣謀殺一大堆拍鳥人的記憶卡。

所以，看到美麗的花兒時，不要忘了停下腳步，找找躲在花叢裡的美麗鳥影。

火桐木的紅花和青綠色的綠繡眼，構成美麗畫面。

只要站上盛開的櫻花樹上，平凡的綠繡眼也美得讓人不想移開眼光。

1. 即使是最平凡普鳥的白頭翁，一站上美麗的荷花，馬上化身成謀殺底片的超級模特兒。

2. 火炬刺桐開花時，綠繡眼會飛來吸取花蜜。

3. 置身在火紅一片的木棉花背景裡，差點找不到這隻小小綠繡眼的身影。

4. 站在開滿木棉花的樹枝上，這隻一直被我認為帶點邪氣的輝椋鳥，似乎也變得感性很多。

5. 站在盛開的荷花上，連白頭翁也顧影自憐起來。

好冷，擠擠吧
——冬天篇

那天，在杉林溪拍狀元紅，時間是下午五點多，天色暗了，入秋後的高山上很冷，雖然已經穿著厚厚的外套，我還是覺得很冷，猛一抬頭，看到枝頭上的冠羽畫眉三五成群地緊緊靠在一起，全都縮著頭，收起翅膀，擠在一起相互取暖，看來好冷的樣子。我想，牠們應該就要這樣子度過一個晚上吧，夜晚的高山可是越晚越冷的呀！想到這兒，不禁替牠們難過起來，也覺得自己好像穿太多了。

1. 天冷了，這六隻冠羽畫眉擠在一起取暖，有的仰頭大睡，有的左顧右盼，表情不一。

2. 看看這三隻冠羽畫眉的冠羽，真的很可愛。

好熱，
洗個澡
──夏日篇

在台灣，賞鳥、拍鳥是全年無休的。既然拍鳥會碰上很冷的日子，在大熱天拍鳥更是常有的事。天熱，人熱，鳥也熱，拍鳥的鳥人會躲在陰影裡拍鳥，或撐起大傘遮陽，鳥兒則找個有水的地方洗個澡，消暑一下，於是就會出現鳥兒出浴的畫面，這可樂了拍鳥人，除了可以拍到美美的鳥兒出浴圖，還可滿足一點點偷窺心理。

會出浴的鳥兒還不少，陽明山可以見到台灣藍鵲和小彎嘴洗澡，宜蘭梅花湖則可看到鴛鴦出浴。

但讓我印象最深刻的是，有一年在彰化一處半山腰小徑的小水池拍橙頰梅花雀洗澡，我躲在偽裝帳裡，當時是8月酷暑天的正中午，氣溫三十幾度，看鳥兒在淺淺的水窪裡玩得很高興，我卻像被關在三溫暖的蒸汽室裡，汗如雨下，從頭一直濕到腳。

鴛鴦浴
水花四濺，身子都離開水面了。

小彎嘴
天氣真熱，好好泡個水。

橙頰梅花雀

大家都走了，讓我好好洗洗。

山區小徑的一小窪水，成了最好的浴池，橙頰梅花雀和斑文鳥共浴。

這才是鴛鴦浴。

這下子真的洗乾淨了。

親愛的，我洗完澡了。

洗好了，抖抖羽毛。

涼風徐徐吹來，好舒服。

台灣藍鵲

夏天的野溪，是台灣藍鵲最喜歡的。

激起陣陣水花，暑氣全消。

這隻藍腹鷳大公鳥展開步伐，準備過馬路到對面山坡。

今天
我最勇
──精神篇

到大雪山拍藍腹鷳一定要很早，通常我都是半夜從台北出發，5點多時就已經在大雪山林道23K就定位，當地的藍腹鷳家族則會在5點半以後開始現身。

這一天，6點還不到，這隻藍腹鷳大家長就現身了，牠先站上草地伸展台，向在場的鳥人展現了一下牠的風采，然後跨下伸展台，抬頭挺胸，趾高氣昂地橫過馬路，向對面山坡走去。

在牠走到馬路中央時，突然有一輛越野車從山下疾衝上來，當時，天色還未全亮，這車還開著大頭燈，在車燈照耀下，車主很快發現馬路正中央居然站著一隻藍腹鷳，馬上來個緊急煞車。

接下來發生的事，卻讓大家大吃一驚。

但見這隻藍腹鷳不但沒有被嚇跑，反而停住腳步，一面張開雙翅，上下快速揮舞，一面發出憤怒的叫聲，彷彿是在對這輛車嗆聲：你老大急什麼呀，車開得那麼快，沒看到我正要過馬路嗎？真是沒禮貌的傢伙。

這隻大雞就這樣對著車子嗆聲了將近1分鐘，最後，大概覺得滿意了，這才收起翅膀，並且轉過頭，狠狠瞪了車子一眼，才倖倖然走開。

這是我拍鳥生涯中，看過最神勇的鳥兒了。

突然，一輛越野車疾馳而來，在牠面前緊急煞車，車燈照亮了路面。

大公鳥停住腳步，伸開雙翅，開始揮舞，很不高興的樣子。

雙翅完全展開，劇烈揮動。

抗議完畢，開始收起翅膀。轉過頭，用力瞪車子一眼。

這才轉頭，帶著勝利的姿態，倖倖然走開。

今天一大早，我就很生氣，趕快豎起
頭上的紅冠，衝冠一怒為紅顏呀！

今天
我最憤怒

——情緒篇

每次看到有人拿著手機玩憤怒鳥，總會忍不住露出會心的微笑，
因為在現實生活中，我就真的有看過一隻憤怒鳥。

阿里山某年櫻花季第一天，清晨6點多，這隻火冠戴菊飛到長滿
青苔的枯枝上，正進入繁殖期的牠，因為看到水塔裡自己的倒
影，誤以為牠的領域裡來了一隻情敵，於是牠豎起火冠，對著白
鐵水塔的倒影大聲鳴叫，並且還緊張地向著倒影連番撲去，想要
把這隻情敵趕走，一副氣急敗壞的模樣，讓人看了又好笑又心
疼。

看牠張開頭上的冠羽，不停大聲鳴叫，並且連續撲擊，真是一隻
不折不扣的「憤怒鳥」。

平常難得一見的火冠戴菊，在櫻花盛開的阿里山清晨裡，比較有
機會看到。

火冠戴菊，因為牠有一頭紅黃色的冠羽而得名，但這種火冠平常
並不會豎起，只有在警戒或求偶時才會豎起。

看到自己倒影，出擊！

前面發現可疑對象，準備攻擊。

走吧，動手了。

好小子，你是誰？竟敢侵犯我的地盤！

我生氣了！衝啊！

這麼近距離一看，你這小子長得還跟我一樣帥。但這是我的地盤，可不可以請你退出。

我要使出無影腳了。

你還不走啊！

算了，已經向牠警告過了。

我是
落湯雞(鳥)
——風雨篇

平常看到鳥兒，牠們總是那麼光鮮亮麗，驕傲地向人們展示美麗的羽毛，但是，你有看過淋了一整天雨的鳥兒的慘狀嗎？還有，想想，那些從很遠的地方飛來台灣的鳥兒，牠們冒著風雨，在大海上飛了幾天，才終於在台灣找到一個落腳地，在飛了那麼遠的距離後，那種精疲力竭的疲憊模樣，你見過嗎？

環頸雉

那一天一大早就到了花蓮東華大學，準備拍東華大學的特產：環頸雉。雨一直下個不停，而且，這場雨是從前一天就開始下的，中間根本就沒停過。

一直等到六點多，雨終於小了下來，天色也亮了許多，看到一團黑影出現在草地裡，細心一看，果然是隻環頸雉，但卻也是一隻不折不扣的落湯雞(環頸雉被稱為台灣三大雞之一)。

因為淋了一天一夜的大雨，只見這隻環頸雉全身都濕透了，原本美麗的羽毛，光澤不再，全部黏在一起，連牠最驕傲的頭頂上的冠羽也失去光采，顯得垂頭喪氣的，看了真替牠感到難過。

還好，雨終於停了，陽光也微微出現，這隻大雞開始振作起來，不斷伸展身體，用力搖動雙翅，努力把身上的水甩乾。在牠如此努力之下，奇蹟出現了，到了上午11點左右，牠已經恢復了大部分的光彩，再度展現出牠的美麗和活力。

淋了一個晚上的雨，這隻環頸雉全身的羽毛都濕了。

羽毛全糾結在一起，有點垂頭喪氣。

猛烈晃動，想要甩掉身上的雨水。

最後，用力揮舞雙翅，這一招最有效。

太好了，終於恢復我大帥哥本色。

野柳好漢坡旁看到的這隻落湯鳥，模樣夠狼狽了吧！

藍尾鴝母鳥

落湯鳥則是出現在野柳。那一天，早上10點左右來到野柳，下著小雨(事實上，北部地區已經一連下了幾天大雨，這一天雨勢稍微小一點了)，我氣喘吁吁地爬到賞鳥步道前的好漢坡中段，正停下來喘口氣時，頭一偏，正好看到一隻小鳥停在邊坡上，也跟我一樣在喘氣呢！但牠可比我慘多了，我身上有雨衣可以遮擋雨水，牠則被淋成十足的落湯鳥，十分狼狽，讓我一時也看不出牠究竟是什麼鳥。

三天後，天氣終於放晴，我再度來到野柳，看到了這隻容光煥發的藍尾鴝母鳥，猛然想起來，這不就是那天我看到的那隻落湯鳥嗎？天呀，怎會差那麼多？

藍尾鴝母鳥，十分美麗，是罕見的過境鳥。

這隻落湯鳥羽毛全濕，也失去光澤。

三天後，在野柳看到這隻很漂亮的藍尾鴝母鳥。仔細比對，方才確定，牠就是我三天前看到的那隻落湯鳥，真的差很多。

魂斷
金山
——省思篇

賞鳥、拍鳥也會遇到很難過的事。

2012年3月下旬，金山磺溪出海口(也就是清水濕地)來了一隻很漂亮的鳥兒：黑頸鸊鷉。

黑頸鸊鷉在台灣出現的機會不多，所以牠的出現，馬上吸引大批鳥友前往觀看、拍攝，尤其這隻是雌鳥，且來的時候正值繁殖期，所以，身上出現很漂亮的繁殖羽，就是在牠的眼睛旁出現放射狀的金黃色耳簇，並一直延伸至耳羽後，十分特殊和美麗，是一隻年輕美麗的黑頸鸊鷉小姐。

我一連去拍攝三次，看著牠在水中悠游、覓食，還不時地從水中撐起半個身子，拍拍翅膀，好像在運動，也好像在跳舞，真是可愛極了。

2012年3月金山的磺溪出海口，很難得來了一隻漂亮的黑頸鸊鷉。

最後一次拍牠，是在3月26日，一直拍到傍晚5、6點，才依依不捨地收拾器材回家，心想，隔個幾天再來拍吧！

沒想到，第二天，3月27日，就傳出令人難過的消息，說這隻黑頸鸊鷉死了，鳥屍漂浮在磺溪出海口，被鳥友撈起，送到台北野鳥學會。

3月28日，台北鳥會將遺體送到台大附設動物醫院進行病理解剖，結果發現，牠的死因是因為吃下了太多橡皮圈，橡皮圈幾乎將牠的嗉囊填得滿滿的，讓牠再也無法進食，導致最後餓死異鄉，真是悲慘。

在長期的賞鳥、拍鳥歲月裡，最讓我感嘆良多的，就是台灣的生態環境一直遭到破壞，田野、溪流到處是垃圾，連鳥兒想要覓食都有困難，像這隻黑頸鸊鷉在溪中不但抓不到魚，反而吃進了被人類丟進河中的橡皮圈，因而斷送生命。

這種令人十分難過的事情，是否還要讓它繼續發生呢？

這隻黑頸鸊鷉是很年輕的雌鳥，就是漂亮的小姑娘。

牠從水中撐起半個身子，拍拍翅膀，好像跳舞。

令人難過的是，這麼漂亮的鳥兒，就這麼魂斷金山。

這隻黑頸鸊鷉有很漂亮的繁殖羽，就是在牠的眼睛旁出現放射狀的金黃色耳簇。

Chapter 2

每年固定
會見到的老朋友

在台灣，作為一個賞鳥人，是幸福的，因為一年到頭，從海邊、平地到高山，在任何地方，時時都有美麗的鳥兒可看、可拍。如果你已經有一年以上的賞鳥經驗，那更幸福了。在很多知名的鳥點，每一年，或許一年四季，或許在特定時間點，你都可以在這些地方看到去年看到的那些鳥兒，親切得像是去拜訪去年見過面的好朋友。如果是有多年賞鳥經驗的鳥友，時間一到，更會迫不及待地收拾好裝備，趕著去見見這些老朋友。

迷霧中的
王者
──帝雉

記得第一次看到帝雉出現在自己眼前時，因為太興奮了，抓住相
機的手竟然發抖了起來，久久無法按下快門。後來，每次再看到
帝雉，這樣的興奮情緒一直持續著。

這幾年來，只要到了大雪山，一定專程去等待。有好幾次還睡在
車上，只為了第二天一大早能夠守在鳥點等候牠的出現。不管是
夏天或冬天，不管是清晨或黃昏，為了見牠一面，我都會耐心等
著我心目中的王者。

2010年的最後一天，下午3點在東勢大
雪山林道，這隻帝雉從路旁小坡上下
來，跨過水溝，一路走向馬路對面，
牠昂首挺胸，一身寶藍羽毛，拖著長
長尾羽，走得從容不迫，就像一位高
貴驕傲的皇帝。

光圈：f4 快門：1/320sec 焦距：500mm
ISO 400

特徵：帝雉，又稱黑長尾雉。分布於台灣中、高海拔山區，氣質高貴，珍貴稀有，名列世界瀕危鳥類。雄鳥全長80多公分(光是尾羽就有50公分)，全身純黑羽毛，帶有寶藍色金屬光澤，尾羽有明顯白色橫帶紋。

info

在哪兒拍？

東勢大雪山林道。(請見P.172台灣十大著名鳥點之大雪山森林遊樂區)

什麼時間去拍？

全年皆可，求偶期間，公鳥會長出長長的尾羽，這時最漂亮。

注意事項

帝雉是台灣的高山王者，太珍貴了，有幸看到時請保持距離，從遠處靜靜觀看，不要驚嚇了牠。

1. 這隻帝雉從林中走出來。

2. 毫不猶豫，一腳跨出。

3. 帝雉夫妻經常一起出現。

4. 母帝雉一舉一動，都是那麼優雅。

最美麗的
鳥家族
——大雪山藍腹鷴

光圈：f4.0 快門：1/320sec 焦距：500mm
ISO 800

藍腹鷴，美麗又稀有，台灣一級保護鳥種，這種鳥很怕人，平常很難得拍得到，很幸運的，在熱心鳥友的長期經營下，在台中市東勢區大雪山森林遊樂區林道23K處，就有一個藍腹鷴家族在這兒出沒，只要耐心在這個地點等待，就有機會看到牠們出現。拍攝時間以早晚最佳，早上最早可能5點多就會出現。

這個藍腹鷴家族共有公鳥2至3隻，母鳥約5、6隻，成年公鳥美麗又神氣，常可在這兒看到牠們昂首闊步，在林道裡漫步。

info

在哪兒拍？
在大雪山23k。(請見P.172台灣十大著名鳥點之大雪山森林遊樂區)
什麼時間去拍？
全年都可，早晚出現的機會較多。
注意事項：
鳥點就在林道旁，常有車子呼嘯而過，拍攝時要注意自身安全。不要大聲喧嘩。

1		
2	3	4

1. 大雪山的藍腹鷴公鳥，這隻還很年輕，羽色十分漂亮，小帥哥一個，也是大雪山這個藍腹鷴大家族中的小王子。拍攝時間是下午兩點，陽光照在鳥兒和草地上，影影很美。

2. 這隻藍腹鷴是老鳥，也是大雪山藍腹鷴家族的大家長。

3. 這隻藍腹鷴大公鳥年紀最大，身上的鳥羽毛色也最豔麗、完整。

4. 藍腹鷴公鳥亞成，雖然尚未長出豔麗的羽毛，但也已經夠帥了。

特徵：藍腹鷴，台灣特有鳥種，棲息中低海拔的闊葉林或混生林中。雄鳥羽色鮮艷，頭頸黑色，羽冠白色帶黑斑，後頸及頸側為深藍色，帶悅目金屬光澤。雌鳥羽毛為褐色、土黃和黑色的條紋。

凌波仙子
——水雉

6月初的中午，南台灣已經悶熱難當，我躲在官田水雉教育園區最裡面的賞鳥牆後，從早上9點一直拍到這時候，我已經累得昏昏欲睡，這時，正前方突然閃現一道白影，一隻水雉向我這兒飛了過來，牠展開雙翅，毫不吝嗇地向我展現牠的美麗。我立即從昏昏欲睡中驚醒，手忙腳亂地按下快門。

info

在哪兒拍？
官田水雉教育園區。(請見P.190台灣十大著名鳥點之官田水雉生態教育園區)
什麼時間去拍？
每年5～9月間是水雉繁殖季，這時水雉有著黑、白、黃三色相間的繁殖羽，是最佳拍攝時間。
注意事項：
遵守園區規定，請乖乖躲在賞鳥牆後賞鳥，不要大聲喧嘩。園區裡有詳細介紹水雉生態和相關知識，拍鳥之餘，不要忘了去看看。

```
    1
  ————————
  2   3   4
```

光圈：f8 快門：1/800sec 焦距：500mm ISO 640

1. 中午的官田水雉復育區，這隻水雉突然飛來，雙翅展開，縮起修長的腳，白頭、白翅、黑腹、頸背的黃羽和長長的尾羽，看得一清二楚，對照背景的一片青綠，是很難得看到的水雉飛行美姿。

2. 看到水雉很輕盈走在水面葉子上，就知道凌波仙子真的名不虛傳。

3. 繁殖羽的長長尾羽，是水雉的一大特色。

4. 午後的復育園區裡，兩隻水雉飛舞嬉戲。

特徵：在台灣，水雉大多棲息於菱角田裡，故稱菱角鳥。常見牠輕盈漫步於水面菱角葉上，所以又有「凌波仙子」美
名。水雉在繁殖期間會長出金黃褐白羽色和長長尾羽，十分美麗。

美麗的
台灣特種鳥
──台灣藍鵲

美麗的台灣藍鵲是台灣特有種，也是台灣的象徵，前陣子在國鳥選拔中，牠是大家的首選。近年來，由於保育觀念抬頭，台灣藍鵲的數量已經多了起來，在北部，看到牠們身影的機會越來越多。但每次看到牠們美麗的身影，還是會感到很興奮，尤其是看到牠們展翅飛行時，那一身藍白色羽毛完全張開來，在山野中飛過，好像大自然畫布中的一幅美麗圖畫，也不愧擁有「長尾山娘」這樣美麗的稱號。

每年3、4月起就是台灣藍鵲繁殖期，也是牠們成群出現的時候，在台北郊區的各處公園裡就可以看到牠們，像是陽明山前山公園、大屯自然國家公園和北投行義公園等，尤其是北投行義公園，每年都有很多鳥友在這兒拍攝台灣藍鵲飛行的美姿。

info

在哪兒拍？
北投行義公園。
什麼時間去拍？
這張照片是7月拍的。

迎面飛來的台灣藍鵲，兩翅張開，向人展示牠美麗的羽毛。

光圈：f4.0 快門：1/320sec 焦距：500mm
ISO 800

特徵：台灣藍鵲，台灣特有種。身長60多公分，翼長20公分，尾長40公分。嘴腳紅色，眼睛虹彩黃色，頭至頸部、胸部皆為黑色，其餘部分大致為藍色。台灣藍鵲的繁殖期在每年3～5月間。

1	2
3	
4	

1. 拍的時候沒有注意，後來檢視時，才發現這隻藍鵲頭上有隻蝴蝶，形成難得的與蝶共舞畫面。

2. 好像鳥兒都有口中咬著食物飛行的本事，看牠口中咬著一顆大葡萄，還能飛得如此優雅。

3. 這隻台灣藍鵲飛到我面前時，突然側轉身子，兩翅成一斜線，上下對開，像兩把大團扇。

4. 突然想到，武俠小說裡的獨孤一式劍法也許就像這樣子。

大溪漁港
忙抓魚
——鳳頭燕鷗

每年從5月起，在宜蘭縣的大溪漁港就會開始出現很多的鳳頭燕鷗，是相當吸引鳥友的熱門鳥點，尤其是從下午2、3點起，出海作業的漁船開始回到港內，這時就可看到大批鳳頭燕鷗緊跟在這些漁船後飛進港內，搶食漁船在卸下漁貨時掉在港內的小魚、小蝦。這時，只要找個好位置，就可以拍到這些鳳頭燕鷗下水撈魚的畫面。

info

在哪兒拍？
宜蘭大溪漁港。(請見P.184台灣十大著名鳥點之宜蘭大溪漁港)

什麼時間去拍？
每年5月起就可以去拍，但以7、8月的情況最佳。

注意事項：
想要拍攝鳳頭燕鷗捕魚的畫面，必須等到下午2、3點漁船開始進港卸漁貨的時間，其餘時間，從早上到下午2、3點則可以拍鳳頭燕鷗在港內飛翔的畫面。

光圈：f5.6 快門：1/3200sec 焦距：400mm ISO 400

1	
2	3	4

1. 夏日午後4點，宜蘭大溪漁港，這隻鳳頭燕鷗從港內挾起一條小魚，快樂地飛過藍藍的海面。

2. 這隻鳳頭燕鷗頭往下栽，施展出令人嘆為觀止的抓魚特技。

3. 從水中抓起一條小魚，激起漂亮的水花，可見牠用力很猛。

4. 很難得抓到這麼大的魚，顯得很高興。

特徵：鳳頭燕鷗，身長約45公分，體色灰黑，最明顯特徵為頭部可以豎起黑色羽冠，像是時髦的龐克頭。最擅長捕食小型魚類。基隆港、大溪漁港、花蓮溪口、蘭陽溪口、八掌溪口都可發現其蹤跡。

鳳頭燕鷗入水捉魚連續動作

1. 這隻鳳頭燕鷗從空中下衝入水，濺起水花。

2. 快速拍動翅膀，從水中向上飛起。

3. 整個身體飛離水面。

4. 口中咬著小魚，愉快飛走。

都會公園裡的
花和尚
——五色鳥

五色鳥是都會公園裡最常見鳥種之一，也很親民，不太怕人，所以，很受鳥友歡迎，還給牠取了個很有趣的名字—「花和尚」，因為牠在啄樹洞時會發出像敲木魚的聲音。五色鳥本是台灣特有亞種，但中華鳥會已經替牠更名為「台灣擬啄木」，並把牠升格為台灣特有種，身分跟以前大不同，所以，我們要特別疼愛這種漂亮的台灣鳥兒。

info

在哪兒拍？
大安森林公園(請見P.182)。台北植物園和另外幾個公園也可以拍到，如228紀念公園和中正紀念堂等。

什麼時間去拍？
全年都可拍，5月起是五色鳥的育雛期，一直持續到8月，這段時間可以拍攝五色鳥育雛的畫面。

注意事項：
公園裡除了賞鳥人，遊客和運動的人也很多，所以，拍鳥時要注意，不要妨礙到其他人的活動。

1	
2	3 4

1. 台北植物園的這隻五色鳥離我很近，可以很清楚地看出牠身上的鮮艷鳥羽，數一數，真的有五種顏色：綠、紅、黃、藍、黑。

2. 這隻五色鳥歪著脖子看人，模樣很可愛。

3. 台北植物園的小椰果，紅紅的，吸引五色鳥來享用。

4. 大安森林公園的雀榕果成熟時，五色鳥也是樹上的常客。

光圈：f5.6 快門：1/125sec 焦距：400mm
ISO 400

特徵：五色鳥，身長20多公分，身體主要為綠色，頭部藍色，額頭和喉部黃色，眼前和頸前有小塊紅色，眼、耳羽上
方為黑色。在台北各個公園裡，五色鳥很常見，尤其在繁殖育雛期間，都會吸引大批愛鳥人士圍觀。

夏日
荷風
——白頭翁

每年5月起，台北植物園的荷花就陸續開了，到了7、8月，天氣
正熱時，荷花已經開滿整個池子，每天一大清早，就有大批賞花
人來到荷花池邊，觀賞美不勝收的荷花美景。

荷花季節也是賞鳥、拍鳥的好時候，平常不被賞鳥人看在眼裡的
白頭翁，這時飛翔在荷花花叢中，有時端坐在荷花花蕊上，有時
獨站在蓮蓬上，展現出種種美麗姿態，也是你不可錯過的鳥圖。

info

在哪兒拍？
台北植物園荷花池畔。(請見P.178台灣十大著名鳥點之台北植物園)
什麼時間去拍？
每年5月起，可以一直拍到8、9月。
注意事項：
拍攝時間以清晨到早上10點左右最佳。

```
 1
———
2  3  4
```

1. 8月初的植物園早晨，陽光燦爛，
   荷花正盛開，這隻白頭翁站在荷花
   花蕊上，口中咬了一隻蜜蜂幼蟲，
   回頭看著緊追過來的蜜蜂媽媽，紅
   花、蜜蜂，構成一幅絕美的畫面，
   但想到被咬在鳥嘴中的小蜜蜂，不
   禁心疼起來。

2. 這隻白頭翁站在盛開的荷花上，還
   回頭呼叫同伴過來。

3. 盛開荷花的花蕊，是白頭翁最喜歡
   的早餐。

4. 站在蓮藕上的鳥兒，被風吹起頭上
   的白羽，好像一名龐克小子。

光圈：f7.1　快門：1/1000sec　焦距：400mm
ISO 400

特徵：白頭翁，台灣最常見的普鳥，是台灣特有亞種，身長在**20**公分左右，頭頂黑色，眉和枕羽呈白色，好像長了白頭髮，所以被叫做白頭翁。喜歡將巢築在相思樹或榕樹上。

大雪山的
山桐子
——鳥兒們的最愛

每年東勢大雪山的山桐子結出紅紅的果實時，就代表山上的鳥餐廳開張了。一群群的冠羽畫眉、白耳畫眉和黃腹琉璃，輪番飛上山桐子樹枝頭，各占據有利位置，咬住一顆顆鮮艷的果子，快速吞下。樹上的鳥兒吃得高興，樹下的賞鳥和拍鳥人則看得更高興，也拍得盡興。這是每一年都會在大雪山林道上演的賞鳥盛會，不要錯過了。

info

在哪兒拍？
大雪山林道23.5k處。(請見P.172台灣十大著名鳥點之大雪山森林遊樂區)
什麼時間去拍？
每年11月起，可以一直拍到隔年2、3月。

光圈：f5.6 快門：1/200sec 焦距：500mm
ISO 100

1	
2	3	4

1. 初春的大雪山林道23.5k處，山桐子開得正茂盛，這隻白耳畫眉跳上枝頭，一口咬住一顆已經熟透的山桐子黑果，腳下和背後的山桐子紅果，則把整個畫面染成一片紅。

2. 鮮紅的山桐子，看來十分鮮美可口，難怪會吸引眾多鳥兒前往享用。

3、4. 黃腹琉璃平常難得一見，山桐子成熟時就可看到牠頻繁出現。藍色背羽和金黃色腹羽，搭配紅紅的山桐子，格外搶眼。

特徵：白耳畫眉的最大特色是牠那道長長的白眉毛，想要認錯都很難，台灣特有種，平均體重約為**42.2**克，其他特徵是嘴細，略向下彎。翼短、圓，腳、趾略長，強健有力。主要棲息於山區樹林中。

特徵：冠羽畫眉，台灣特有種，最大特色是頭上羽毛豎起成冠羽狀，故被叫做冠羽畫眉，很多鳥友則戲稱牠為「龐克 (頭)小子」。冠羽畫眉主要在山區活動，數量很多，常常一大群集體活動。

1、2. 冠羽畫眉的數量最多，來時都是一大群，各自站在枝頭上，選擇最紅、最甜美的山桐子紅果。

3. 長長的一道白眉毛，是白耳畫眉的特色。

4. 虎鶇難得飛上山桐子樹，但牠只是靜靜站著不動，好像不是為山桐子來的。

與紅紅櫻花
相襯

——綠繡眼

難得在台北市區的中正紀念堂也有一條櫻花大道，每年1、2月間，這兒的櫻花盛開，吸引成群的綠繡眼前來吸取花蜜。鳥兒來時，只要往樹下一站，就可以讓你盡情欣賞這些小鳥在枝頭上的表演。見牠們為了吸花蜜，各種姿勢盡出，倒掛、反吊、抓單槓，讓人忍不住會心一笑。

這隻綠繡眼單掛在櫻花樹枝頭，背景
是一片櫻紅，紅和綠，填滿整個畫
面。初春午後，台北中正紀念堂的櫻
花大道，櫻花正盛開，鳥兒為吸花蜜
而來，我則是為了記錄大自然的那一
分喜悅而來。

光圈：f 7.1 快門：1/320sec 焦距：400mm
ISO 400

綠繡眼的各種可愛姿態

凝視

橫臥

俯視

看著成群的綠繡眼在櫻花花叢中跳躍、啄食，是很大的享受。牠們或倒掛、單吊、橫臥、或只是站立在枝頭上，以各種姿勢享受櫻花花蕊中的花蜜，讓樹下的賞鳥人也能分享牠們的喜悅。

info

在哪兒拍？
台北中正紀念堂櫻花大道。(請見P.180台灣十大著名鳥點之中正紀念堂)
什麼時間去拍？
這些照片是2月初拍的。

倒吃

沈思

單槓

深入

看你

紅紅的花開滿了
木棉道

每年木棉花花開時，行走在台北街頭，都會不自覺地抬頭尋找在紅紅的木棉花叢間穿梭的鳥影，但總覺得樹太高了，找得好辛苦。還好，在台北市福星國小前的人行天橋上，可以很輕鬆地以平視角欣賞眼前火紅一片的木棉花，以及不時前來吸取花蜜的成群鳥兒。在火紅的畫面中尋找綠繡眼的翠綠鳥羽，或是輝椋鳥詭異的紅眼，可以讓你很愉快地消磨掉好幾個鐘頭。

info

在哪兒拍？
台北市福星國小前的人行天橋。（請見P.216鳥人常去的一般鳥點之台北市福星國小）
什麼時間去拍？
每年3月至4月，台北地區木棉花開的季節。
注意事項：
最好一大早就去拍，清晨5、6點可以一直拍到10點左右，10點後，陽光就會照在天橋上，會有點熱。

1
2　3　4

1、3、4.「紅紅的花開滿了木棉道，長長的街好像在燃燒」，站在天橋上，抬眼望去，紅紅的木棉花把整個畫面都染紅了，小小綠繡眼翠綠的身影，成了吸睛的焦點。

2. 輝椋鳥也很喜歡木棉花。

光圈：f5　快門：1/640sec　焦距：500mm
ISO 800

特徵：綠繡眼，台灣最常見的鳥兒之一，在公園及都市的行道樹上很容易就看得到，身長只有**11公分**，背部為綠色，胸腰為灰色，腹部白色，眼睛周圍環繞著白色絨狀短羽，很像白眼圈，故名綠繡眼。

空中的
火把

——火炬刺桐

每年2月，從延平南路的旋轉門一進入植物園，就可看到兩棵很高大的火炬刺桐，樹上開滿紅花，就像一把把的火炬高掛在空中，十分壯觀，鳥兒也很捧場，每隔一二十分鐘，就有一大群綠繡眼飛來，分別停在一把把的火炬上，有的忙著吸取花朵中的花蜜，有的在火炬上嬉戲，一下子來個倒掛金鉤，一下子來個半空懸吊，讓樹下的拍鳥人忙壞了。

---

info

在哪兒拍？
台北植物園。(請見P.178台灣十大鳥點之台北植物園)

什麼時間去拍？
每年2月起，一直到3、4月。

注意事項：
拍攝地點就在植物園延平南路旋轉門進來處，進出遊客很多，拍鳥時要注意，不要妨礙到別人通行。

光圈：f5.6 快門：1/160sec 焦距：400mm
ISO 200

$$\frac{1}{2\ \ 3\ \ 4}$$

1-4. 一朵朵的紅花，就像一把把火炬，高懸在半空中，披著一身翠綠羽衣的小鳥，穿梭其間，綠身影，紅紅火把，仰首眺望，突然覺得半空中熱鬧繽紛。

打鳥埤的
生態池
——翠鳥

打鳥埤，都會邊緣的一個賞鳥點。這兒有多個生態池，面積都很大，也有相當程度的水深，所以，小魚兒應該不少，因此吸引固定的幾隻翠鳥在這兒活動。初春時節，選個陽光燦爛的日子，帶著攝影器材來這兒走走，就有機會看到美麗的翠鳥。若碰到拍鳥的同好，在他們的安排下，還可順便拍拍翠鳥下水捕魚的畫面。

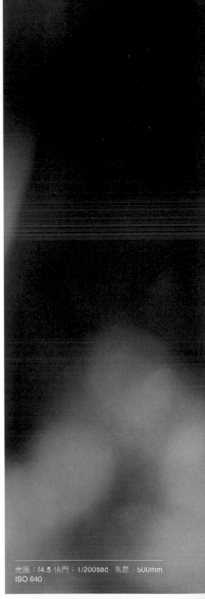

info

在哪兒拍？
新北市土城打鳥埤濕地。
什麼時間去拍？
2011年1月8日下午4點05分。

$\frac{1}{2\ 3\ 4}$

1. 1月初的下午，天氣還有點涼意，雖然才只下午4點，冬日的陽光已經帶有夕陽的昏黃，照在這隻站在枯枝上沈思的翠鳥，頗有「孤獨對夕陽，寸心猶坦然」的自在。

2-4.翠鳥下水捉魚。小小翠鳥衝入水中捉魚，表現出快、狠、準的高超技巧，成功將魚捉到。

光圈：f4.5 快門：1/200sec 焦距：500mm
ISO 640

特徵：翠鳥，一身翠綠羽毛，又叫魚狗，因為牠最擅長自高處衝入水中捕食小魚，甚至會空中定點振翅再俯衝進入水中捕食。牠的飛行度極快，還會發出輕脆的叫聲，是很美麗、活潑的小型鳥。

超級
過動鳥
——山鶺鴒

山鶺鴒是罕見的過境鳥，但每年都會固定出現在竹山的下坪熱帶植物園，想要看牠們，只有跑一趟這個植物園。這是台大實驗林所屬五個樹木標本園之一，規畫得很好，在高大的樹林裡，尋找這樣小小的鳥兒，是很有趣的事。

info

在哪兒拍？
竹山下坪熱帶植物園。(請見P.208鳥人常去的一般鳥點之竹山下坪熱帶植物園)
什麼時間去拍？
這是2010年1月14日早上10點53分拍的。
注意事項：
山鶺鴒很小，又有黑白相間的保護色，要在樹林下找到牠們並不容易，一定
要張大眼睛，耐心尋找。

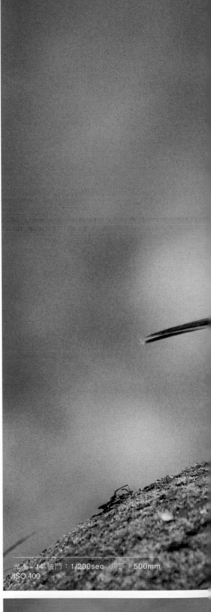

光圈：14 快門：1/200sec 焦距：500mm
ISO 400

1
2 3 4

1 4. 在樹下找了很久，才找到牠，很
小的鳥兒，是超級過動兒，整個身
體一直搖個不停，難怪被叫做「山
搖搖」，好不容易等牠稍微停頓了
一下，趕快按下快門。

特徵：山鶺鴒，在台灣，是稀有冬候鳥，全身羽毛為褐色帶淺綠，翅膀上有2條明顯白線，胸部有黑色T字紋，外型很
容易辨認。這種鳥是超級過動兒，全身一直搖個不停，會讓你看得眼花。

狀元紅
樹枝頭
——眾鳥齊聚

每次到杉林溪遊樂區內的藥花園，看到滿園開得正燦爛的狀元紅，總會忍不住滿心的歡喜。再看到在樹上跳躍啄食的各種鳥兒：紋翼畫眉、冠羽畫眉、白耳畫眉和藪鳥，不停地啄起一粒粒的紅果，更替牠們感到高興。狀元紅結果的季節，是山上鳥兒免費享用紅果大餐的時間，更是鳥人捕捉美麗畫面的好時機。

---

info

在哪兒拍？
南投杉林溪森林遊樂區。

什麼時間去拍？
每年9月至11月初，是杉林溪狀元紅結果的季節，果子紅了，鳥兒也來了。

注意事項：
想要拍鳥兒吃狀元紅果，一定要起個大早，因為鳥兒早上胃口較好，大約清晨5、6點起就可拍了。

$$\frac{1}{2 \quad 3 \quad 4}$$

1 一站上結滿紅紅果子的狀元紅樹上，這隻紋翼畫眉馬上啄起一粒果子，表現出極其滿足的神情。早晨8點半，即使剛吃完早餐，也喝過咖啡了，還是很想跟牠說，「分我一粒果子吧，看來很好吃耶！」

2. 冠羽畫眉

3. 藪鳥

4. 白耳畫眉

光圈：f4 快門：1/250sec 焦距：500mm
ISO 400

特徵：紋翼畫眉，台灣特有種，身長約18～19公分，翼長約8公分，屬於中小型畫眉鳥，喙部為黑色、腳呈粉肉色，頭部圓渾並帶短羽冠。最明顯之特徵為尾羽呈黑褐相間的橫斑，故被稱作紋翼畫眉。

夏日精靈

——栗喉蜂虎

栗喉蜂虎是夏候鳥，每年大約4月上旬，就會從對岸大陸飛到金門，在金門築巢、繁殖、養育小寶寶，整個夏天都可在金門看到牠們鮮艷的鳥影。對鳥友來說，在夏天前往金門拍攝這種在台灣本島看不到的鳥兒，是很值得的。

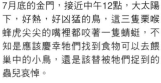

info

在哪兒拍？
金門。(請見P.206鳥人常去的一般鳥點之金門)

什麼時間去拍？
每年4到7月。

注意事項：
如果是7月去，金門很熱，大太陽下拍鳥，要注意防曬。

7月底的金門，接近中午12點，大太陽下，好熱，好凶猛的鳥，這三隻栗喉蜂虎尖尖的嘴裡都咬著一隻蜻蜓，不知是應該慶幸牠們找到食物可以去餵巢中的小鳥，還是該替被牠們捉到的蟲兒哀悼。

光圈：f9 快門：1/640sec 焦距：400mm
ISO 100

特徵：栗喉蜂虎，是金門的夏候鳥，所以，必須在夏天時跑一趟金門，才能看到這種美麗、凶悍的鳥兒。栗喉蜂虎的特色是栗紅色的喉部，以及具有獵捕蜜蜂之類昆蟲的高超技巧，所以被稱為栗喉蜂虎。

陽明山
前山公園
——藍鵲出浴

陽明山前山公園一直有很穩定的台灣藍鵲族群，而且因為園內一向人潮不斷，使得這兒的台灣藍鵲一點也不怕人，經常飛到遊客面前嬉戲，到了夏天更會直接當著大家面前，演出出浴的畫面。藍鵲出浴的主要地點位於紗帽路陽明養老院正下方水池，以及游泳池旁的大水溝。碰到夏天天氣悶熱的日子，只要守在這兩個點，就有機會看到藍鵲飛過來洗澡。有時是一隻，有時兩三隻結伴而來，見牠們把身體浸入水中，然後用力搖晃羽毛，濺起水花，十分好看。

info

在哪兒拍？
陽明山前山公園。

什麼時間去拍？
全年都可在這兒看到藍鵲身影，3月～7、8月期間，看到藍鵲出浴的機會較多。

注意事項：
公園裡遊客很多，拍鳥時盡量不要妨礙到別人通行。

光圈：f5.6 快門：1/125sec 焦距：400mm
ISO 100

```
 1
2 3 4
```

1-4. 也不管四周有很多人拿著相機在拍，這兩隻台灣藍鵲逕自在水池中公然來場出浴秀，洗到高興時，還不忘濺起水花，相當得意。

戴著可愛
小黑帽
——黑枕藍鶲

在宜蘭冬山鄉三富農場這兒，每年都可以看到黑枕藍鶲築巢，也可以看到黑枕藍鶲父母辛勤餵食雛鳥的情形。很難得的是，農場這兒的生態環境很好，很少有人為騷擾的情況，所以，這兒的黑枕藍鶲基本上不太怕人，都會把巢築在開放的地方，因此可以很清楚觀察到巢中的狀況，樂壞了賞鳥人。

光圈：f5.6 快門：1/160sec 焦距：400mm
ISO 400

info

在哪兒拍？
宜蘭三富農場。(請見P.202鳥人常去的一般鳥點之宜蘭三富農場)
什麼時間去拍？
每年5、6月是黑枕藍鶲繁殖期，這時可以見到牠們在樹上築巢。
注意事項：
農場這兒的黑枕藍鶲雖然不怕人，但觀賞時還是要保持距離，不要騷擾到牠們。

$$\frac{1}{2\ \ 3\ \ 4}$$

1-4. 天氣有點熱，在這處柚子園裡，則是一片翠綠和清涼，戴著小黑帽的黑枕藍鶲媽媽，站在枝頭上，心滿意足地看著巢中出生不久的小鳥。

特徵：黑枕藍鶲，台灣特有亞種，身長只有**15公分**。雄鳥上半身為青藍色，前頸下有一黑色細帶，後頭有一黑斑，好像戴著一個黑色頭枕，故名黑枕藍鶲。雌鳥頭頸為灰藍色，背部大致為灰褐色。

基隆港的
都會遊子

——黑鳶

不管春夏秋冬、陰雨晴霾，幾乎每天都可在基隆港區看到黑鳶，牠們都是從遠方的外木山山頭飛進港區來，在港區上空一圈圈盤旋，銳利的鷹眼則緊盯腳下的水面，看到水面上有可吃的食物殘渣，牠們就會俯衝下水，撈起這些殘渣進食。和你我一樣，這些黑鳶也都是在大都會區討生活的都會遊子呀！

下午4點30分，這隻黑鳶從遠方山頭飛了進來，繞著基隆港區，在空中一圈又一圈飛翔，背後是基隆市區的高樓大廈。看著這樣的畫面，方才想到，基隆港的黑鳶真的是「都會遊子」呀！

光圈：f6.3 快門：1/2500sec 焦距：400mm
ISO 400

特徵：黑鳶，就是我們俗稱的老鷹，體型長約65公分，翼長在157～162公分，是中型猛禽，全身大致為暗褐色，頭部顏色較淡，嘴爪彎曲銳利。眼睛為褐色，蠟膜為黃色，腳為灰褐色，是基隆市的市鳥。

info

在哪兒拍？

基隆火車站前的港區廣場。(請見P.188台灣十大著名鳥點之基隆港)

什麼時間去拍？

全年皆可，9月至次年1月是公黑鳶求偶期間，公鳥會長出長長尾羽，這時最漂亮。

注意事項：

港區廣場遊人很多，拍照時要注意。

1	2
3	
	4
5	6

1. 下午5點，這隻黑鳶還在港區巡弋覓食，一輪新月已經浮上天際。

2. 看到水中有食物時，黑鳶就會低飛劃過水面。

3. 看到牠的背羽，就知道牠為什麼叫黑鳶。

4. 港區是黑鳶的最愛，每天晨昏都會在這兒出現。

5. 在陽光照耀下，黑鳶眼睛露出銳利的光芒。

6. 此情可待成追憶，因為這座天橋已經拆除。

快如閃電的
捕魚高手
——魚鷹

每次看魚鷹捕魚，都像在看一場精采無比的特技表演，但見牠在高高的天上盤旋，一圈又一圈，然後，突然急速下墜，整個身子沒入水中，再度出水時已經抓住一尾大魚，接著破空而去，真不知道，在那麼高的天空裡，牠怎能看清楚水中的魚兒，又怎麼能夠掌握好俯衝速度，一舉就抓住獵物。最可憐的是被抓的那尾魚，本來還在水中悠游自在的，下一秒就已經被抓到天空中了。

抓到魚兒後，魚鷹還會抓著魚兒，在原場地上空飛行一圈，炫耀的意味十足。

info

在哪兒拍？
桃園大溪頭寮大池。

什麼時間去拍？
每年入秋後，大約10、11月到第二年1、2月。

注意事項：
大池是私人魚池，請遵守主人的規定，保持場地清潔。

彷如一道閃電，這隻魚鷹從天空急速撲下、入水、出水，水花四濺，鷹爪已牢牢捉住一尾大魚，接著，騰空而起，抓住晚餐，凌空而去。十秒內完成這一連串動作，快、狠、準，讓你知道我魚鷹的捕魚神技。

光圈：f5 快門：1/3200sec 焦距：500mm ISO 800

特徵：魚鷹，是以魚類為主食的大型猛禽類，有長腳趾及爪子，銳利如鉤，抓到魚後，可以抓緊魚頭，不讓獵物從腳趾間溜走。最厲害的是牠的銳利眼光，在高空中就可以看清楚水下的魚兒。

魚鷹抓魚
連續動作

空中搜尋目標

下水

脫離水面

加速脫離

出水

抓到魚了

振翅飛離

捕得晚餐歸

只羨鴛鴦
不羨仙

——鴛鴦

在我心目中，福山植物園絕對是台灣最美麗的賞鳥點。因為位在
受到高度保護的深山中，這兒擁有極佳的生態環境，特別是這個
大水塘，池水碧綠，水中綠藻橫生，魚兒游來游去，池邊步道有
高大的垂柳，如果碰上陰雨綿綿的天氣，總覺得人間天堂也不過
如此。但吸引我一再想去這兒拜訪的，則是在這兒能夠看到這種
美麗的鳥兒—鴛鴦。

光圈：f5.6 快門：1/320sec 焦距：400mm
ISO 400

---

info

在那兒拍？
宜蘭福山植物園。(請見P.176台灣十大著名鳥點之福山植物園)
什麼時間去拍？
9月至隔年5月是鴛鴦求偶期，這時公鴛鴦的羽色最漂亮。
注意事項：
福山植物園每天有入園人數上限，想要前往，一定要先上園區網站提出申
請。

寧靜的大水塘裡，成雙成對的鴛鴦自
在悠游，池邊綠葉成蔭，碧綠的池水
上，可以看到一朵朵嫩黃的台灣萍蓬
草小花，如此美景，真讓我看癡了！

特徵：鴛鴦，體長41～49公分，通常都是成雙成對，很令人羨慕，但雌雄羽色差別很大，雄鳥色彩極為艷麗，喙為鮮紅色，額部和頭頂為帶有金屬光澤的翠綠色。雌鴛鴦全身則為暗啞的灰色。

福山植物園生態池裡，一對對的鴛鴦
悠游水中，配上一朵朵嫩黃色的台灣
萍蓬草小花，這樣的畫面美得好像天
堂。

校園
寶貝

——環頸雉

花蓮的東華大學，美麗的校園有著豐富的自然生態，果然也有著美麗的大雞：環頸雉。(帝雉、藍腹鷴和環頸雉這三種珍稀大型鳥，被鳥友稱作台灣的三大雞，也是鳥友必看、必拍的夢幻鳥種。)

在翠綠的草地上，遠遠看著這隻美麗的大鳥覓食、閒逛，完全不怕人，而來來往往的東華學生也好像也見慣不慣了，根本沒有人停下來看牠一眼，只有我這個特地搭夜車從台北下來的鳥人，與牠共享一分悠遊自在。

info

在哪兒拍？
花蓮東華大學校園。

什麼時間去拍？
每年3月起到5月間，是環頸雉的繁殖期，也是觀賞環頸雉的最佳時間。

注意事項：
不要踏進草地裡，遠遠觀賞，不要大聲喧嘩，保持校園安寧。

光圈：f5 快門：1/320sec 焦距：500mm
ISO 320

```
 1
———
2  3  4
```

1. 4月底的東華大學，一片翠綠的校園草地上，一大早就出現這隻環頸雉。由於前一個晚上下了一整夜的大雨，這隻環頸雉渾身濕透了，不斷揮舞雙翅，拚命想甩乾身上的雨水，動感十足。

2. 美麗的校園草地上，出現如此美麗的大雞。

3. 青綠草地上，環頸雉跨開大步，來個校園巡禮。

4. 沐浴在燦爛陽光下，這隻環頸雉忍不住來個振翅歡呼。

特徵：環頸雉，台灣特有亞種，十分珍貴稀有。雄鳥體長約**76～89公分**，身體羽色為棕褐色，頭部深綠色，有小型冠羽和紅色眼斑肉垂。雌鳥體長約**53～63公分**，羽色單調，為棕褐色至灰色。

巴克禮公園
飛行秀

——小啄木

小啄木常常可以看到，但要捕捉牠的飛行美姿，台南的巴克禮公園是不容錯過的鳥點。每年2、3月的小啄木育雛期，這處小而美的公園都會上演小啄木的飛行秀：小啄木父母每天一人清早就開始忙碌，出外覓食，在找到食物後，口裡啣著食物，一趟又一趟地飛回巢中餵食小鳥。

info

在哪兒拍？
台南的巴克禮公園。(請見P.204鳥人常去的一般鳥點之巴克禮公園)
什麼時間去拍？
每年2、3月起到4月的小啄木育雛期，是最佳拍攝時機。
注意事項：
公園內遊客、運動的人很多，拍攝時要注意不妨礙人們的通行。

光圈：f7.1 快門：1/2000sec 焦距：400mm
ISO 800

1		
2	3	4

1. 平常看到小啄木，都是看到牠很努力在啄樹，難得捕捉到牠在空中停留的那一瞬間：兩個翅膀向後展開，露出黑白羽色和紅紅的肩肌，兩爪向上舉起，準備降落在樹幹上，有動感，也有美感。

2. 柳樹上的樹洞，就是小啄木的家。

3. 小啄木展翅飛行。

4. 小小啄木看到爸媽回來，高興相迎。

特徵：小啄木，台灣特有亞種，體型稍大於麻雀，是台灣體型最小的啄木鳥，身長只有17公分，頭上至後頸灰黑色，背及尾上覆羽黑色，下背及腰白色而有黑色橫斑，雄鳥後頭兩側各有一紅斑，雌鳥則無。

難得一見的全家福

──深山竹雞

深山竹雞，顧名思義，就是躲在深山中的鳥兒，十分怕人，不輕易現身，平常難得一見。很幸運的，這次不但見到，還見到一家三口的全家福畫面。小小的鳥兒，羽翼兩側有紅褐色波浪狀細紋，頭頂、頸部乳白色，頸部中央有黑色闊紋並帶有紅色斑塊，眼睛有黑色線，胸部及腹部為灰色，嘴為黑色，十分可愛。

光圈：f4　快門：1/200sec　焦距：500mm
ISO 640

info

在那兒拍？
在大雪山23k。(請見P.172台灣十大著名鳥點之大雪山森林遊樂區)
什麼時間去拍？
全年都可，早晚出現的機會較多。
注意事項：
鳥兒很怕人，不要有太大動作。拍攝地點在馬路邊，有車輛經過，要注意自身安全。

$$\frac{1}{2 \quad 3 \quad 4}$$

1. 先是聽到小山坡後傳來輕微響聲，然後，這對深山竹雞夫妻帶了一隻小寶寶探出頭，慢慢走了出來，看來十分緊張，不斷左顧右盼，確定沒有危險後，才開始低頭覓食。

2. 深山竹雞夫婦很恩愛，夫婦倆一直緊緊相隨。

3. 深山竹雞平常難得一見，像這樣的全家福更是難得。

4. 深山竹雞的美麗羽毛是很好的保護色，方便牠們融入周遭環境。

特徵：深山竹雞，俗稱山鷓鴣，是台灣特有種，腳為綠褐色，喉部栗褐色、胸以下有栗褐色鱗狀斑。這種鳥極其害羞怕人，平常棲息於茂密的雜木林，生性隱密，很不容易見到。

柿子
紅了
——群鳥齊聚頭

由於主人的善良大度，每年柿子紅了的季節，在新埔的「味衛佳柿餅觀光農場」裡，可以看到群鳥大吃柿子的美麗畫面。紅紅的柿子鮮甜可口，吸引來很多鳥兒來人快朵頤，有白頭翁、五色鳥、紅嘴黑鵯，甚至連過境鳥的赤腹鶇也來了。看著這些鳥兒在枝頭上吃得津津有味，還真替牠們高興。

光圈：f4 快門：1/200sec 焦距：500mm
ISO 100

info

在哪兒拍的？
新埔「味衛佳柿餅觀光農場」。

什麼時間去拍？
每年10月起就是製造柿餅的季節，柿子這時已經熟透，最能吸引鳥兒去吃。

注意事項：
在「味衛佳柿餅觀光農場」這兒拍鳥，時間以上午為佳，記得先向主人打個招呼，再進入園裡拍照。拍完照片，記得順便買幾盒這兒的柿餅回家，相當美味。

1	
2	3 4

1. 柿子好吃嗎？看看這隻五色鳥選好這顆紅紅的柿子，毫不猶豫地一大口咬下去，在短短的幾分鐘內，就把這顆柿子吃掉一大半，可見柿子真的好吃，鮮嫩多汁呀！

2. 五色鳥

3. 紅嘴黑鵯

4. 赤腹鶇

名符其實
「師公鳥」
——黃山雀

要拍黃山雀，最理想的時間和地點，就是櫻花盛開時的八仙山森林遊樂區。黃山雀是八仙山森林遊樂區的招牌鳥，但平常日子裡其實並不常見，唯有等到櫻花盛開時，才較有機會看到牠們出現在櫻花樹上。黃藍身影和滿樹紅紅的櫻花交織在一起，是相當美麗的畫面。

info

在哪兒拍？
台中八仙山森林遊樂區。
什麼時間去拍？
每年櫻花季期間。
注意事項：
拍櫻花季時的八仙山森林遊樂區，除了黃山雀之外，還有很多山鳥可拍。

看到這隻黃山雀，終於明白為什麼黃山雀會被稱作「師公鳥」，因為牠那高高的冠羽和黃色胸羽，看起來真的很像頭上戴著藍色頭冠，身上披著灰藍色道袍的「師公」。這樣一位矮矮胖胖的師公，還滿可愛的。

光圈：f4 快門：1/640sec 焦距：500mm
ISO 400

特徵：黃山雀，台灣特有種，也是稀有留鳥，臉及腹部為黃色，有黑色羽冠，冠羽下方及後頸中央呈現白色；翼及尾
　　　羽為黑色，翼緣呈藍灰色。黃山雀數量十分稀少，是體態玲瓏的小型山鳥。

溪頭
迎賓鳥
──黃胸青鶲

黃胸青鶲是溪頭的招牌鳥，也被稱作「迎賓鳥」，因為每年4～6月間，是黃胸青鶲育雛期，溪頭的這對黃胸青鶲夫妻就會頻頻出現，站在很好的位置，供鳥友們好好拍攝，並且會發出啾啾叫聲，好像是在歡迎大家，禮貌十足，所以被鳥友們戲稱是溪頭的親善大使，很多鳥友是固定每年都會選在這時候上山，見見這對老朋友。

info

在哪兒拍？
溪頭森林遊樂區。
什麼時間去拍？
每年4～6月間，是黃胸青鶲育雛期，是最佳拍攝時間。

頭頂一道白眉羽毛，胸部則是鮮黃色，微風吹來，胸前柔細的嫩羽揚起，使得溪頭這隻黃胸青鶲看來十分和善，難怪被稱作溪頭的「迎賓鳥」，站在枝頭上親切地和鳥友們打個照面。母鳥的羽色則比較樸素。

光圈：f4.0 快門：1/320sec 焦距：500mm
ISO 800

特徵：黃胸青鶲，台灣特有亞種，成鳥體長約**10公分**。雄鳥頭背部、兩翼及尾羽為藍色，喉至上胸橙紅色，腹部至尾下覆羽白色。雌鳥頭、背部灰褐色。大多棲息於中低海拔山區闊葉林及灌叢中。

過境
神祕鳥
──戴勝

戴勝，很奇妙的鳥名，造型也很特殊，有點像外太空鳥，等到牠
開冠時，頭上的冠羽一張開，更像印地安酋長了，神祕感十足。
牠也被稱作「墳墓鳥」，因為牠常會棲息在墳墓區裡，更讓人覺
得這種鳥有點詭異。

光圈：f4.0 快門：1/320sec 焦距：500mm
ISO 800

info

在哪兒拍？
新北市金山青年活動中心。(請見P.198鳥人常去的一般鳥點之金山青年活動中
心)
什麼時間去拍？
春過境期間，在台灣停留的時間會長達1個月。
注意事項：
很怕人，只要有人稍一靠近，就會飛走，但不會飛得太遠，所以，想要拍
牠，必須追著牠跑。

$\dfrac{1}{2\ \ 3\ \ 4}$

1. 金山青年活動中心的草地上，傍晚
   五點半，略帶昏黃的夕陽替大地和
   這隻戴勝罩上一層金黃，看牠抬頭
   望向海邊，突然覺得牠好像在思念
   大海另一頭的故鄉。每年飛越大海
   而來的候鳥，應該也會有思鄉的情
   緒吧？

2-4 戴勝開冠

特徵：戴勝，身長約30公分，長相十分特別，很容易辨識，頭頂有著很長的黃褐色羽毛，末端黑色，張開時類似印地安酋長的頭飾。嘴巴又長又細，略為下彎，前端為黑色，腹部及尾下覆羽白色。

天籟
美聲
——黃鸝

還沒看到鳥兒，就先被牠的叫聲吸引。啾的一聲，清脆高亢，連綿傳唱，在空中不斷迴響，聽到耳中，真是好聽，不得不讚嘆牠真有一個好歌喉。等到看到牠的身影時，更對牠的美麗折服。老天爺也對牠太好了吧！

info

在哪兒拍？
景美萬慶公園。(請見P.212鳥人常去的一般鳥點之景美萬慶公園)

什麼時間拍的？
每年4～5月是黃鸝殖期，也是拍攝黃鸝的最佳時間。

注意事項：
黃鸝是保育類鳥種，嚴禁騷擾。

$\dfrac{1}{2 \ 3 \ 4}$

1. 啾！一聲清脆悅耳的鳥鳴由遠而近，緊接著，一道黃影快速來到眼前樹上，這隻黃鸝鳥就這麼出現在我面前，淡紅的喙，紅眼睛，鮮黃鳥羽，配上背部一些黑羽，很出色的鳥兒。

4. 黃鸝母與子

光圈：f5.6 快門：1/320sec 焦距：500mm
ISO 400

特徵：黃鸝，為台灣珍貴稀有的保育類鳥類之一，體長約26公分，雄鳥全身為鮮黃色，過眼線為粗大的黑色，延伸到後頸，翼羽內側黑色，尾羽黑色，外側末端鮮黃色。雌鳥羽色與雄鳥相似，但過眼線較細。

凌宵群鷹
威武飛揚

——赤腹鷹

凌宵亭高倨在社頂公園小山頂，四周完全沒有遮蔽，墾丁、巴士海峽和太平洋美景盡收眼底，除了在這兒賞鷹，沒鷹飛過時，放下相機，舉頭看看四周美景，享受徐徐吹來的涼風，一定會讓你覺得不虛此行。

info

在哪兒拍？
墾丁社頂公園凌宵亭。(請見P.192台灣十大著名鳥點之社頂公園凌宵亭)
什麼時間去拍？
每年9月中旬～10月。
注意事項：
最佳觀鷹時間是清晨6點起，可以一直看到接近中午時分。

$$\frac{1}{2\ \ 3\ \ 4}$$

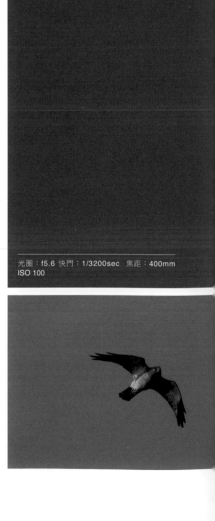

光圈：f5.6 快門：1/3200sec 焦距：400mm
ISO 100

1. 清晨7點多就到了社頂公園的凌宵亭，果然看到一大群又一大群老鷹從頭上飛掠而過，這就是著名的「起鷹」了。鷹的飛行速度極快，一下子就從頭上飛過去，拿著相機，手忙腳亂，什麼也沒拍到，還好，最後總算在眾多鷹群中，捕捉到這隻赤腹鷹(亞成)，看牠雖然體型不大，但銳利和凶猛堅定的神情，看得出牠已經準備好要衝過巴士海峽，前往下一個棲息地。

2. 赤腹鷹雌鳥

3-4 赤腹鷹亞成

特徵：赤腹鷹，中等體型的鷹類，體長約26～36公分。成鳥上體淡藍灰，背部羽尖略具白色，外側尾羽具不明顯黑色橫斑，下體白色，胸及兩脅略沾粉色。亞成鳥上體褐色，尾有深色橫斑。

稀有
冬候鳥
——黑喉鴝

黑喉鴝是台灣地區稀有冬候鳥及不普遍過境鳥。個子小小的，只有14公分，頭背都是黑褐色，胸部為淡橙色，相當可愛。黑喉鴝繁殖地在西伯利亞東部、中國東北、日本、韓國等地，會到華南、海南島、中南半島、印度及台灣過冬。每年10月下旬到隔年4月下旬會在台灣地區出現。

黑喉鴝喜歡開闊地形，像平原、草原、農地，以昆蟲為食，時常站在突出的草莖、枯枝上。新店台大安康農場的荷花池旁正好有這樣的一塊開闊地，因此，每年都會有黑喉鴝在這兒出現。

info

在哪兒拍？
新店台大安康農場。(請見P.214鳥人常去的一般鳥點之台大安康農場)
什麼時間去拍？
每年10月下旬到隔年4月下旬。

黑喉鴝羽色並不艷麗，但牠靜靜站在低低的枯枝上，背後是翠綠的背景，身邊還有小花點綴，讓牠成了大自然最美的一幅畫，也讓我捨不得把眼光從牠身上移開。

光圈：f5.6 快門：1/250sec 焦距：500mm
ISO 400

特徵：黑喉鴝，小型陸棲性候鳥，雌雄羽色略有差異。嘴、腳為黑色。雄鳥繁殖羽頭部到頸部黑色，頸側白色。體背及翼面大致為黑褐色，有淡色羽緣。雌鳥非繁殖羽體色會更淡一些。

Chapter 3

有緣來相見
鳥影羽蹤 | 不固定鳥點

在台灣，除了每年可以在一些固定鳥點看到固定會出現的鳥兒，還有
更多的鳥兒會在不特定的地點出現，想要看到這些鳥兒，就要時時注
意鳥訊，多跑多找，雖然比較辛苦，但當你終於看到牠們美麗身影
時，就會覺得這樣的辛苦很值得。這些在不固定鳥點出現的，有些是
本地留鳥，但絕大部分是過境鳥，且常有來自極遠方的珍貴鳥種，真
應驗了「有緣千里來相會」這句話。

帶來陽光的
林間彩虹
——八色鳥(鶇)

「林間彩虹」是八色鳥(鶇)的稱號，只要親眼看到，一定會覺得，唯有這樣的稱號，才配得上如此美麗的鳥兒。八色鳥並不常見，牠是夏候鳥，每年4、5月才會從南洋飛來台灣。這隻八色鳥是某年6月間在竹山山區的竹林裡拍到的，當時牠應該已經休養夠了，狀況極佳，羽色鮮艷，看牠站在石頭上，對映後面的背景，沒錯，真的是林間的一道美麗彩虹。

光圈：f4.0 快門：1/400sec 焦距：500mm
ISO 800

| info |

在哪兒拍？
竹山山區的竹林。
什麼時候拍的？
2009年6月11日上午11點09分。

竹山山區深處的竹林裡，悶熱、潮濕、陰暗、蚊子多得嚇人，突然一道彩虹落下，身披八種色彩的這隻鳥兒，把陽光也帶了過來，一下子讓整個畫面亮起來。

特徵：八色鶇，在台灣是不普遍的夏候鳥，大多出現在隱密的竹林裡，很難看到牠的蹤影。體長約26公分，雄鳥全身
大致為鮮黃色，過眼線為粗大的黑色，延伸到後頸，尾羽黑色。

稀有的
冬季嘉賓

——小桑鳲

小桑鳲是稀有過境鳥，平常難得一見，難怪牠一現身，就吸引北中南鳥友集中到金青中心，瘋狂搶拍。即使不是假日，算算當天就來了幾十名鳥友。小桑鳲又叫小黃嘴雀、黑尾蠟嘴雀，全身體長約18公分，分布於西伯利亞東部、中國東北、朝鮮半島及日本南部，冬天會到中國南方度冬。有時會在金門出現，在台灣出現的機會不多，算是稀有的冬候鳥。

info

在哪兒拍？
新北市金山青年活動中心。(請見P.198鳥人常去的一般鳥點之金山青年活動中心)
什麼時間拍的？
2012年10月26日下午3點30分。

光圈：f5.6 快門：1/320sec 焦距：400mm
ISO 100

週五下午，金山青年活動中心，這隻小桑鳲站在楓樹上，一直忙著吃楓樹的翅果，好不容易停了下來，嘴巴還張得大大的，好像在回味翅果的滋味。

特徵：小桑鳲，在台灣是不普遍的過境鳥，最大特徵是橘黃色的厚嘴，所以又名小黃嘴雀，嘴喙呈三角錐型，有利於
啄食植物種子，身體以灰褐色為主，胸、腹部為灰色，頭、喉、尾羽為黑色。

愛吃
番薯

──白頭鶴

2012年1月27日(大年初五)，兩隻被國際自然保育聯盟紅皮書列為一級保育鳥類的白頭鶴，意外飛來台灣，掀起一股白頭鶴旋風。這兩隻白頭鶴看來很健康，也不太怕人，儘管每天都有很多鳥友圍在四周，拿著相機猛拍，牠們仍然很自在地覓食、活動，被鳥友戲稱是最合作的模特兒。白頭鶴在台灣出現的紀錄不多，先前的紀錄是在9年前出現在桃園圳頭、新北市金山地區，更早則是14年前在宜蘭三星地區出現。2012年這一次的這兩隻白頭鶴，則從1月底一直停留到3月底才離開。

光圈：f5.0 快門：1/400sec 焦距：500mm
ISO 400

---

info

在哪兒拍？
宜蘭壯圍鄉北濱路旁的番薯園。

什麼時間拍的？
2012年2月2日下午4點47分。

在宜蘭壯圍鄉北濱路旁的番薯園裡，看到這兩隻白頭鶴，一隻昂首警戒，一隻低頭吃地瓜，很難得的畫面，因為，這是難得光臨台灣的貴賓級迷鳥──白頭鶴。

特徵：白頭鶴，又名玄鶴、修女鶴，十分珍貴，全球野生數量目前只有 **7,000** 多隻，已列入世界瀕危物種紅皮書。白頭鶴體型嬌小，額和兩眼前方有較密集的黑色硬毛，從頭到頸則是雪白柔毛，其餘體羽都是石板灰色。

全台
唯一
——白藍鵲

這隻白色的台灣藍鵲應該是全台灣僅有的一隻(當然也是全世界
唯一的一隻了)，有鳥友說，這隻白藍鵲應該只是羽色變異，非
白化，所以相當健康、正常。我覺得這隻可能是母藍鵲，因為曾
經看過牠坐巢孵蛋。一隻全白羽毛的藍鵲，夾雜在藍色身影的一
群台灣藍鵲當中，顯得十分突出。但也可能是羽色特異，這隻白
色的母藍鵲似乎特別得到其他公藍鵲的喜愛，常常可以看到牠和
另一隻公藍鵲停在高高的枝頭上，相依相偎，看來十分恩愛。

8月大熱天中午，在三峽半山上等了一
個多小時，終於見到一隻台灣藍鵲迎
面飛來，咦？閃現在眼前的竟然不是
常見的藍色鳥影，而是一隻帶點淡紅
的白色藍鵲。在陽光照射下，這隻白
藍鵲的白色羽毛，晶瑩剔透，在空中
閃閃發亮。

光圈：f7.1 快門：1/3200sec 焦距：500mm
ISO 800

info

在哪兒拍？
三峽成福路登山步道上。
什麼時間拍的？
2011年8月6日中午12點53分。

台灣最小的
鳥兒
——綠啄花

綠啄花，台灣最小的鳥兒，身長只有8公分，幾乎是常見的綠繡眼的一半大一點點，平常很少見，只有當水麻結出紅紅的莓果時，才比較容易看到牠們的身影。這時節，只要在水麻樹下耐心等待，就可以見到牠們成群出現，一隻隻飛快站上枝頭，選定熟透的水麻紅果，一口一顆，吃得十分高興。牠們一身暗綠的羽毛，配上紅紅的水麻果，是每年水麻結果季節時，鳥人都會瘋狂追逐的畫面。

info

在哪兒拍？
新北市新店平廣山區。
什麼時間拍的？
2011年4月16日下午4點44分。

午後陣雨剛過，水麻的葉子和果子上還掛著晶瑩的水珠子，這隻很小、很小的小鳥兒，就迫不及待地飛了出來，輕巧地站上枝頭，一口一顆紅紅的水麻果子，清涼又可口呀！

光圈：14.0 快門：1/320sec 焦距：500mm
ISO 800

特徵：綠啄花，台灣最小的鳥兒，身長只有8公分，比常見的綠繡眼還小了3、4公分，是不普遍留鳥。雌雄鳥同色。
頭、背部橄欖綠，喙、眼及腳黑色，胸、腹部灰色泛綠，翼及尾羽黑色。

羞滴滴
又機靈
——棕三趾鶉

因為全身羽毛大部分是棕色，且只有3個腳趾，所以，這種鳥才被命名為棕三趾鶉，個性很害羞，但也十分機警，在平常狀況下，只要稍有動靜，牠就一溜煙鑽進草叢裡，一般人要看清楚牠的盧山真面目，真的非常困難。很幸運的，居然能夠在一次偶然的機會中，在關渡的稻田旁看到這種難得一見的鳥兒，並且還能拍得如此清楚，綠綠的散景，配上鳥兒精緻美麗的羽毛，覺得很像是在照相館裡拍的沙龍照呢！

info

在哪兒拍？
台北北投關渡大排。
什麼時間拍的？
2011年8月27日下午1點44分。

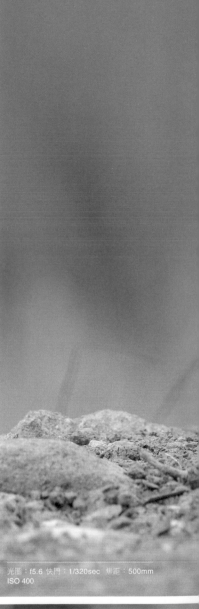

光圈：f5.6 快門：1/320sec 焦距：500mm ISO 400

超級害羞的小鳥，偷偷從田埂旁的草叢裡溜出來，很小心地東張西望一番，才繼續向前走。這種鳥十分怕人，很難在野外拍到，所以，在看到牠出現時，雖然興奮得心跳加速，但還是屏住呼吸，一口氣也不敢呼出。

特徵：棕三趾鶉，台灣特有亞種，雄鳥體長約14公分，雌鳥約17公分。雄鳥頭上黑色，雜有褐色羽毛及白色斑點，背至尾羽褐色雜有灰褐色羽毛。雌鳥紅褐色較濃，臉、喉、前頸黑色有乳黃色斑點。

野柳
小橘子
——日本歌鴝

每年秋過境期間，只要傳出小橘子來了的鳥訊，全省各地的鳥友們就會瘋狂地湧上野柳岬角，在賞鳥步道上瘋狂搜尋牠的蹤影，而只要能看到牠的倩影，就會覺得不虛此行。小橘子確實長得可愛秀氣，而日本歌鴝這個鳥名，更會讓人聯想到風情萬種的日本歌姬，也因此增添幾分浪漫的幻想。

info

在哪兒拍？
新北市野柳地質公園。(請見P.186台灣十大著名鳥點之野柳)
什麼時間拍的？
2009年11月19日中午12點33分。

看，是小橘子耶！聽到鳥友的驚呼聲，趕快轉過鏡頭，果然，這隻日本歌鴝就在眼前，橘黃色的頭羽，淡褐色的胸羽，秀氣中更帶有靈性。當天野柳大雨不斷，這隻日本歌鴝頭上還有細細的雨珠呢！

光圈：f4.0 快門：1/640sec 焦距：500mm
ISO 400

特徵：日本歌鴝，原產於日本本州，體長14公分，體型類似麻雀，但羽毛顏色則美麗甚多。雄鳥喉部橙棕色，十分明顯，雌鳥則為淡橙黃色。日本歌鴝鳴聲十分好聽，特別是雄鳥，鳴聲嘹亮，歷久不息，非常動聽。

紅與黑的
華麗絕配

——朱鸝

台灣話的「紅水黑大板」(紅色美、黑色大方)，好像是專門用來
形容朱鸝的。紅色和黑色在朱鸝身上構成美麗的組合，襯托出這
種鳥兒的高貴氣質，難怪有人說朱鸝是台灣最美麗的鳥種之一。

info

在哪兒拍？
新北市烏來山區。
什麼時間拍的？
2012年6月22日下午2點20分。

當朱鸝站在枝頭時，想不去注意牠都
很難，牠那艷紅的羽色首先會吸引住
你的眼光，接著，黑黑的頭部、圓圓
的眼珠子和黑色的翅膀，在青綠的背
景中更形突出，這樣的畫面，會讓你
不想把眼光移開。

光圈：f4.0 快門：1/400sec 焦距：500mm
ISO 400

特徵：朱鸝，台灣特有亞種，是保育鳥種，美麗珍貴，也是花蓮縣縣鳥，身長25公分，雄鳥頭至頸部、上胸、翼都是黑色，背和尾羽、胸側、下胸皆為鮮朱紅色。雌鳥胸至腹雜有白色羽毛及黑色縱斑。

小小
紅帽

——山紅頭

山紅頭是台灣特有亞種，是嬌小型的鳥兒，身長只有11公分，主要分布於低、中海拔樹林及草叢環境之中。坐性很害羞，不容易見到，就算出現在你眼前，也很快就又消失得無影無蹤。

當然，山紅頭最大的特色就是牠頭上的小小紅帽，這也讓牠成為拍鳥人最喜歡拍牠的原因。

> **info**
>
> 在哪兒拍？
> 新店台大安康農場。(請見P.214鳥人常去的一般鳥點之台大安康農場)
> 什麼時間拍的？
> 2011年11月14日下午2點23分。

這隻小小鳥突然出現在眼前，低頭啄食蓮藕上的小蟲，頭上的紅色部分很清楚顯現出來，好像頭上戴著一頂很可愛的紅帽子，而且是小小的一頂。終於明白，牠為什麼被叫作山紅頭。

光圈：f7.1 快門：1/320sec 焦距：400mm
ISO 400

特徵：山紅頭，台灣特有亞種，為小型畫眉鳥，體長11公分，全身大致淺橄欖色，最大特色是牠的頭頂至後頭為紅褐
色，好像頂著一頭紅髮，所以被叫作「山紅頭」，喉部有細縱斑紋，胸、腹中央黃白色。

具有堅強
生命力
——灰背赤腹鶇

灰背赤腹鶇又名金胸鶇、灰背鶇、唐赤腹。身長約23公分,繁殖地在西伯利亞東部及中國東北,冬季會飛到華南及越南北部,在台灣是稀有的冬候鳥。灰背赤腹鶇羽色很漂亮,胸前橙紅色的羽毛配上頸下的豆豆黑點,相當好看。

> ### info
>
> 在哪兒拍?
> 野柳。(請見P.186台灣十大著名鳥點之野柳)
> 什麼時間拍的?
> 2009年11月19日下午03點32分。

11月下午3點多的野柳,東北季風帶來強風和大雨,這隻剛剛飛越大海、來到台灣的灰背赤腹鶇,緊緊站穩枝頭,忍受著風吹雨打,儘管已經疲憊萬分,依然顯示出強勁的生命力。已經過了好幾年,這個畫面仍然很鮮活地留在我腦海中。

光圈:f4.0 快門:1/640sec 焦距:500mm
ISO 400

特徵：灰背赤腹鶇，在台灣是稀有過境鳥，身長21～24公分，雄鳥上身都是灰色，喉部為灰色或偏白，胸部灰色，腹部中心及尾下覆羽白，兩脅及翼下則是橘紅色。主要分布於西伯利亞、北朝、日本、中國東北地區。

金山
清水濕地
——紅頭伯勞

在台灣，紅頭伯勞屬稀有冬候鳥，牠繁殖於中國華北、東北、俄國烏蘇里江、庫頁島、朝鮮半島及日本等地，冬季主要飛到華中、華南及琉球群島過冬。紅頭伯勞喜歡生活在開闊的環境，所以，清水濕地的開闊環境很能吸引這隻紅頭伯勞，一直停留了好幾個月。

小小的紅頭伯勞，身長只有18公分，全身紅棕色鳥羽，最特殊的是腹部的細魚鱗紋。在金山的清水濕地，牠以優美的姿態，攀附在竹枝上，讓大家看到牠最美麗的一面。

光圈：f4.0 快門：1/500sec 焦距：500mm
ISO 400

特徵：紅頭伯勞，稀有冬候鳥，雄鳥頭至後頸為紅褐色。尾羽為黑褐色，翼為黑色，有一明顯白點出現。雌鳥頭至後頸亦為紅褐色，腹面和羽緣都為淡褐色。頭頂為紅棕色，腹部有細魚鱗紋。

info

在哪兒拍？
金山清水濕地。
什麼時間拍的？
2011年12月03日中午12點47分。

黑得
發亮

──烏灰鶇

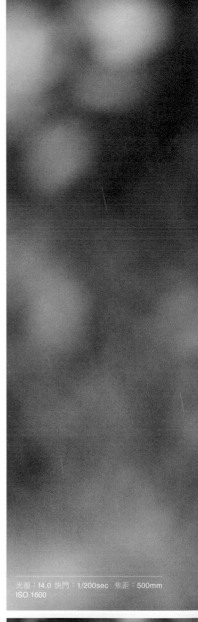

烏灰鶇體長約22公分，又叫日本灰鶇，主要分布於日本及中國內陸，冬季時會向南遷移。在台灣，烏灰鶇是稀有的過境鳥。來到台灣後，會出現於平地及丘陵地樹林環境，以野柳最常見，附近的金山青年活動中心，也是烏灰鶇喜歡逗留的地方。牠的特徵為喙短先端尖細，以昆蟲、植物種子、果實為主食，大都單獨活動，習慣棲息於樹林冠木叢。

---

info

在哪兒拍？
野柳。(請見P.186台灣十大著名鳥點之野柳)
什麼時間拍的？
2009年11月19日下午03點32分。

全身黑得發亮的羽毛，配上白色胸部上的黑豆點，簡簡單單的黑白配，就讓這隻烏灰鶇顯得那麼時髦有型，穩穩吸引了我的目光。

光圈：f4.0 快門：1/200sec 焦距：500mm
ISO 1600

特徵：烏灰鶇，俗名日本灰鶇，身長約21公分，雄鳥上體為純黑灰色，頭及上胸黑色，下體餘部白色，腹部及兩脅具黑色點斑。雌鳥上體灰褐色，下體白色，上胸具偏灰色的橫斑。本圖為雄鳥。

非洲
異鄉客
——栗頭麗椋鳥

這隻小鳥名叫栗頭麗椋鳥，原產地在非洲東部，包括衣索匹亞、索馬利亞、烏干達、肯亞和坦尚尼亞。身長約為18～19公分。

老家在非洲的栗頭麗椋鳥，是不可能飛來台灣的，所以，牠不是候鳥，也不是過境鳥，而是所謂的籠中逸鳥，意思就是說，牠是透過某種途徑被帶進台灣，本來被人飼養，但後來逃了出來，流落在外，成了逗留在台灣的非洲異鄉客。

info

在哪兒拍？
桃園八德陽明高中外公園內。
什麼時間拍的？
2011年9月10日下午5點30分。

看到這隻小鳥跳上石頭，在陽光和青綠背景對照下，展露出如此艷麗的鳥羽：黑色的頭，從頸到背是深藍、淺藍、一直到綠色，腹部則是橘紅色。真的太驚艷了！

光圈：f4.0 快門：1/250sec 焦距：500mm
ISO 100

特徵：栗頭麗椋鳥，分布於非洲索馬利亞到坦尚尼亞的東部，在台灣屬籠中逸鳥，顏色鮮艷，頭部黑色，背部亮綠色夾有斑點，胸部紅橙色。栗頭麗椋鳥雖然美麗，但適應力強，恐會影響台灣原生鳥種生存空間。

難得現身
野柳岬上
——秧雞

秧雞，又叫普通秧雞或印度秧雞，身長約29公分。紅紅的嘴和腳，頭頂為褐色，臉為灰色，背面為橄欖色，帶有黑色縱斑，十分漂亮。秧雞原繁殖於中國東北，冬季會南遷至華南度冬，偶爾也會出現在台灣，屬於稀有過境鳥或留鳥。

秧雞很怕人，通常單獨出現於湖泊、池塘、沼澤等水域之草叢地帶，不是很容易見到。但這次見到的秧雞卻很大方，頻頻在眾鳥友面前現身，給大家帶來難得的美麗畫面。

info

在哪兒拍？
新北市野柳地質公園。(請見P.186台灣十大著名鳥點之野柳)
什麼時間拍的？
2010年9月10日下午3點57分。

在台灣，秧雞是稀有過境鳥，而且，牠應該是活動於湖泊、池塘和沼澤等水域的，但這隻秧雞竟然出現在高高的野柳岬上，值得好好記錄一下。

光圈：f5.6 快門：1/250sec 焦距：400mm
ISO 800

特徵：秧雞，瘦小的沼澤鳥類，像小雞那麼大，頰部為白色，嘴狹長，尾巴短，多生活在水田邊和水澤邊，體羽主要為暗灰褐色。上體橄欖褐色多黑褐色縱紋，頭頂褐色。嘴細長，微向下彎。

特立
獨行

──茶腹鳾

茶腹鳾是很「特立獨行」的鳥兒，因為牠能夠輕易攀附於樹皮上
倒立行走，這是牠特有的絕技，是其他鳥類無法做到的。

茶腹鳾身長約12公分，頭頂、背為藍灰色，臉、喉及胸、腹為栗
褐色。有明顯黑色過眼線。平常棲息於中、高海拔之樹林上層，
算是普遍之留鳥。

info

在哪兒拍？
新中橫塔塔加132K處。
什麼時間拍的？
2011年1月28日中午12點37分。

拍了那麼多年的鳥，一直覺得茶腹鳾
很難拍，牠並非很罕見，但每次見到
牠，都是躲得很遠，稍一靠近就飛走
了，所以，一直沒有好好拍過。很難
得在春節期間有這麼好的機會，可以
很近距離拍到。

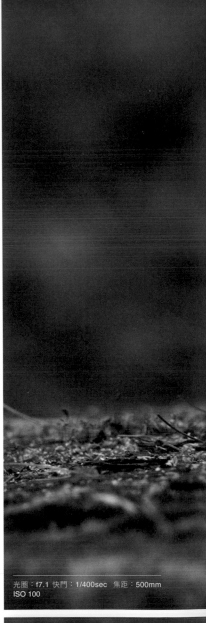

光圈：f7.1 快門：1/400sec 焦距：500mm
ISO 100

特徵：茶腹鳾，小型山鳥，嘴堅實有力且尖，尾短腳強健有力，通常見於森林上層上下遊走，啄食樹幹上的小蟲。牠的上半身為藍灰色，下半身則為栗褐色，配上黑色過眼線，十分漂亮。

披上
高級皮衣
——黃連雀

黃連雀又叫太平鳥，體型小小的，只有18公分，羽呈栗色、黃色和白色橫紋。牠頭上有聳立的冠羽，因此看起來相當帥氣。仔細觀察，可以發現，牠身上羽毛質地相當細密，讓人覺得牠好像穿著高級的肉色皮衣，相當高貴。

黃連雀分布於歐洲、亞洲中部、俄羅斯、蒙古、日本、韓國等地，在台灣為稀有候鳥，難怪一傳出鳥訊，就有北中南各地的鳥友瘋狂湧進金青。

info

在哪兒拍？
新北市金山青年活動中心。(請見P.198鳥人常去的一般鳥點之金山青年活動中心)
什麼時間拍的？
2011年2月16日下午4點06分。

得到鳥訊，趕到金山青年活動中心時，已經將近下午四點，扛著很重的攝影器材，跟著一大群鳥友在活動中心裡四處追逐，終於看到牠停棲在高高的枝頭上，我們也跟著上了一棟建物的二樓，才能夠拍到背景如此美的黃連雀定裝照。很累！

光圈：f4.0 快門：1/250sec 焦距：500mm
ISO 320

特徵：黃連雀，又名太平鳥，因牠的**12**枚尾羽的尾端是黃色的，俗稱十二黃，棲息地多為高大的針葉和闊葉林帶，常
常結成大群活動於這些高大喬木的頂端，喜歡吃龍柏之類樹木的球果。

叫聲嘹亮的
小歌手
——黃頭扇尾鶯

黃頭扇尾鶯是台灣特有亞種留鳥，身長約為10公分。胸淡黃色，
腹白色。繁殖季雄鳥頭部近白色，故又名白頭錦鴝，非繁殖季頭
頂參雜黑褐色斑紋。

黃頭扇尾鶯平常都躲在草叢中，常常只聞其聲不見其鳥，只有在
繁殖期時，公鳥會在鳥巢附近守衛，遇有情況時，就會站在高高
的枝頭上，大聲鳴叫，以宣示牠的領土主權。

info

在哪兒拍？
北投關渡大排旁水田。
什麼時間拍的？
2010年7月30日下午5點05分。

很難想像，如此嬌小的小鳥兒，叫聲
竟然如此嘹亮，而且活力十足，一叫
就叫上好幾分鐘不停，最漂亮的是牠
頭上的白羽會向上聳起，好像長了滿
頭白髮。

光圈：f5.6 快門：1/400sec 焦距：400mm
ISO 200

特徵：黃頭扇尾鶯，很活潑可愛的小鳥，喜歡棲息在丘陵地的灌叢或草生地，在水稻田或開墾過的山坡地，也看得到牠們的蹤影。

在基隆港拍黑鳶時，突然來了一群黑
尾鷗，繞著港區就那麼一圈又一圈地
飛了起來，看著牠們一隻隻抿著嘴，
兩眼直視前方，全神貫注地飛著，好
像沒有什麼目的，就是那樣飛著，一
圈又一圈。

光圈：f4.0 快門：1/250sec 焦距：500mm
ISO 100

認真的
飛行者

──黑尾鷗

黑尾鷗是一種中型海鷗，身長45公分，翼展大概126～128公分。
黑尾鷗平常聚居於東亞地區，包括中國、日本和韓國。黑尾鷗有
黃色的腳，鳥喙是粉紅色，但最尖端是黑色，所以，我一直覺得
牠們總是緊緊抿著嘴。尾巴是黑色的，因此叫黑尾鷗。

2010年那一年年初，北部突然飛來很多黑尾鷗，除了基隆港，還
有烏石港等地都可以見到。因為喜歡上牠們的飛行美姿，我還連
著到這些地方追蹤拍攝了兩個星期。

info

在哪兒拍？
基隆港區。（請見P.188台灣十大著名鳥點之基隆港）
什麼時間拍的？
2010年3月3日下午4點43分。

特徵：黑尾鷗，是一種中型海鷗，會發出像貓叫的哀怨叫聲，所以在日本被稱作「海貓」，在韓國則被叫作「貓鷗」。黑尾鷗的主要食物為小魚、軟體動物、甲殼類海產，經常跟著漁船覓食。

非洲
花美男
──寬尾維達鳥

這隻美麗的鳥兒名叫寬尾維達鳥，又叫鳳凰雀，原籍非洲，分布在剛果、莫三比克、南非和烏干達。看牠拖著那麼長的尾巴，當然不可能從非洲遠渡重洋飛來台灣。所以，這肯定又是一隻籠中逸鳥。

即使牠是出現在很偏遠的蘇澳頂寮公園附近，但因為鳥兒長得太漂亮，也真得很難見到，所以，在相關鳥訊傳出後，很快吸引各地鳥友祝相前往拍攝。我也是其中之一。

當天，在現場看到牠飛來飛去的，一會停在遠遠的枝頭上，一會兒飛到大家面前，一會兒又落到草地上啄食，似乎還滿適應寶島環境的。

info

在哪兒拍？
蘇澳頂寮生態公園附近。

什麼時間拍的？
2012年10月5日中午12點47分。

看到這隻停在枝頭上的寬尾維達鳥時，忍不住發出讚嘆，讚嘆造物者的神奇，竟然能夠創造出如此美麗的鳥類：全身大部分都是黑色羽毛，只有頸背是一團紅橙色，胸腹則是嫩黃色，簡單的三種顏色，竟然搭配得如此完美。當然，最吸引人的是牠那比身軀長上兩倍的寬大尾巴，還能分岔呢！

光圈：f4.0 快門：1/500sec 焦距：500mm ISO 100

特徵：寬尾維達鳥，來自非洲，身體小小的，大約跟麻雀一樣大，但牠的尾羽是黑色，又大又黑，約身體3倍長，嘴是
灰黑色，頭臉部黑色，眼周白色，頸部橘紅漸淡至乳黃色，上體黑色，腹部乳黃色。

特徵：紫壽帶，中型的雀形目鳥類，成年雄鳥胸部的羽毛呈黑灰色，有紫藍色的光澤。下身則是白色，翼、背部及臀部呈黑栗色，尾巴中央有極長的黑色尾羽，雄雛鳥的尾羽則較短。

光圈：f5.6　快門：1/125sec　焦距：400mm
ISO 1200

野柳
稀客
──紫壽帶

紫壽帶，別名紫「綬帶」，繁殖於日本、朝鮮半島，冬季和夏季都會飛來台灣，或是過境台灣，在台灣是稀有的候鳥，過境時，台灣各地都有可能出現，但以野柳紀錄最多，所以，也算是野柳的特色鳥之一。

以4、5月過境野柳的紫壽帶最有看頭，因為這時的公鳥會長出長長的中央尾羽(繁殖羽)，長度可達19～23公分，相當漂亮。因此，夏候鳥過境期間，只要傳出紫壽帶現身的鳥訊，來自全台各地的鳥人馬上會擠滿野柳岬的神廟四周。

info

在哪兒拍？
野柳(請見P.186台灣十大著名鳥點之野柳)
什麼時間拍的？
2011年5月7日下午1點47分。

1		
2	3	4

1-2. 5月野柳下午1點多，這隻紫壽帶公鳥出現在神廟旁的樹林裡，藏頭躲尾的，難窺全貌，很不好拍。好不容易，牠終於飛到眼前的枝頭上，總算小小露了一下臉，趕快按下快門，把牠捕捉入鏡，牠那長長的尾羽，太漂亮了，真的如某本鳥類圖鑑上介紹的，長尾飄曳，美麗奪目。

3-4. 平常時候的紫壽帶沒有長長的尾羽。

捕(叉)魚
高手

——栗小鷺

台北植物園真是賞鳥勝地，常常會有一些不容易見到的鳥兒在此
出現，樂壞了賞鳥人士。像這隻栗小鷺出現在植物園熱帶植物區
的小水塘後，馬上吸引來一大堆賞鳥人士和遊客拍攝和圍觀，把
水塘四周圍得水洩不通，相當熱鬧。

栗小鷺在台灣算是普遍的留鳥，只是牠生性害羞，通常都躲在水
邊的草叢裡，不輕易露臉，所以，在野外想要看到牠，並不容
易。奇怪的是，再怎麼怕人的鳥，一來到植物園，好像就會變得
不怕人了。

這隻栗小鷺是公鳥亞成，羽毛很漂亮，特徵是上半身呈現栗紅
色，下半身淡紅褐色，喉至胸部有褐色縱線，眼睛瞳模是長方
形。

info

在哪兒拍？
台北植物園。(請見P.178台灣十大著名鳥點之台北植物園)
什麼時間拍的？
2013年03月30日下午2點59分。

光圈：f5.6　快門：1/400sec　焦距：400mm
ISO 320

$$\frac{1}{2 \quad 3 \quad 4}$$

1. 這隻栗小鷺在水塘中大概站了足足
   有半小時之久吧！一動也不動，讓
   人懷疑牠是不是睡著了，但就在一
   瞬間，牠的尖喙突然伸入水中，叉
   住一尾很大的吳郭魚，午餐就這樣
   到口了！

2. 栗小鷺是捕魚高手，但牠是用尖喙
   叉住魚，而不是用嘴巴咬魚。

3. 栗小鷺眼瞳有黑斑，遠看呈現一字
   形。

4. 發現水中有魚靠近，栗小鷺準備發
   動攻勢。

特徵：栗小鷺，身長36公分，雄鳥從頭、後頸至身體大部分為栗紅色，前頸至體下淡栗色，頭中央有黃黑色相雜的粗縱紋。雌鳥體上為栗褐色，體背、翼上覆羽滿布黃白色斑點。

動感十足
小可愛
——翠鳥

美麗的翠鳥只要一出現,就會深深吸引住你的目光。但如果能夠親眼看到牠入水抓魚,絕對會讓你對這種小小鳥兒的旺盛活力刮目相看。

但見牠先在空中作短暫的定點停留,確定水下有魚兒後,立即急速俯衝而下,整個身體沒入水中,再度露出水面時,口中已經咬住獵物。這時,水花四濺,點點水珠子分散飛舞,幾乎蓋住了翠鳥的身影。

在水花朵朵的畫面中,翠綠的小鳥兒用力拍動雙翅,帶著豐盛的一餐,飛到附近枝頭上,愉快地享用。

吃完午餐了。翠鳥有時候還會在枝頭繼續停留,清理一下身上的羽毛。

| info |

在哪兒拍?
內湖內溝溪。
什麼時間拍的?
2013年03月15日下午2點51分。

光圈:f6.3 快門:1/1000sec 焦距:500mm
ISO 1000

1
2 3 4

1. 小小翠鳥,速度飛快,猛然衝入水中,再浮出水面時,口中已經咬住一尾小魚,水花四濺,翠綠色的雙翅急速拍動,快速脫離水面,向上飛去,動感十足,清楚地表現出翠鳥的瞬間爆發力。

2. 空中定點停留,搜索水下魚蹤。

3. 看到目標了,衝呀!

4. 捕完魚後,快樂地理理羽毛。

仙翁下凡
令人迷

——棕腹仙鶲

2012年12月中旬，賞鳥圈傳出「仙翁下凡了」訊息，但見很多鳥友猛往野柳跑，因為仙翁這次就下凡在野柳岬少道神廁往上約二十公尺處。聽說有些鳥友為了一睹仙翁風采，在清晨2、3點就衝上野柳了。仙翁？什麼仙翁？原來就是一隻超級迷鳥的棕腹仙鶲，在台灣可是很少見的，難怪鳥友們要為牠瘋狂。

這次出現在野柳的這隻是棕腹仙鶲西南亞種，又稱大仙翁。牠的家在中國大陸，分布於甘肅、陝西、湖北、四川、貴州、雲南等地。推測，這隻棕腹仙鶲可能來自雲南。

棕腹仙鶲是中等體型鳥，身長大約18公分。身體是琉璃藍羽毛，腹部是棕色，有黑色眼罩，頭頂、頸側點斑、肩塊及腰部有光輝藍色。乍看之下，棕腹仙鶲和我在大雪山看到的黃腹琉璃有幾分相似。

info

在哪兒拍？
野柳。(請見P.186台灣十大著名鳥點之野柳)
什麼時間拍的？
2012年12月13日下午2點59分。

光圈：f5.6　快門：1/125sec　焦距：400mm
ISO 1250

仙翁！終於看到仙翁了！夾在擁擠的大砲陣中，辛苦等了兩個小時，終於看到仙翁現身，沒有想像中的仙風道骨，反倒是一隻很秀氣、漂亮的鳥兒，一身琉璃藍羽毛，配上鮮棕色腹羽，相當帥氣。

特徵：棕腹仙鶲，屬於雀形目鶲科，主要在海拔**3,000**公尺以下的開闊林地及丘陵森林中活動，並不常見，以甲蟲、螞蟻、蛾、蚊、納、蜂、蟋蟀等昆蟲為食，也吃少量植物果實和種子。

Chapter 4

台灣
十大著名鳥點

台灣得天獨厚，從南到北，由西到東，可以輕鬆賞鳥的鳥點不計其數，但對剛入門的鳥友，總不能要你為了賞鳥就全省跑透透吧！所以，特別在這兒介紹台灣十個比較知名的鳥點。這十大鳥點包括了北中南和東部的宜蘭，其中大部分鳥點交通都很方便，甚至就是一般人常去的公園，很方便賞鳥。但最重要的是，這十大鳥點已經是全台鳥友公認鳥況最好的，只要選對時間，找其中一個鳥點去走一趟，保證不會失望的。

全台鳥況最好的

——大雪山森林遊樂區

大雪山鳥況堪稱是全台最好的，一年從頭到尾，都有鳥可賞、可拍。平常日子裡，在大雪山林道23K處就可以看到珍貴的藍腹鷴，而且是一大家族，再往上走，整條林道沿路鳥況不斷。到了每年11月起則是山桐子季，只要看到紅紅的山桐子樹，就一定有鳥兒可看。最後，買票進入大雪山森林遊樂區，在大雪山林道40幾公里處，只要耐心等候，更有可能見到有「迷霧王者」之稱的帝雉。

大雪山林道23K—看藍腹鷴家族

藍腹鷴也是台灣特有的珍稀鳥類，棲息在海拔2000公尺以下中低海拔的闊葉林或混生林中，行動謹慎，常常悄然無聲地活動，故不易見到。

幸運的是，在大雪山林道23k處，只要耐心等待，就有機會看到藍腹鷴。

這兒的藍腹鷴是一個家族，目前知道的是有一隻年紀較大的大公鳥，帶領2隻小公鳥和多達5、6隻的母鳥，算得上是一大家子了。

大雪山藍腹鷴出現的時間以清晨最多，大約早上5、6點就會看到牠們的蹤影，中午時分較少出現，到下午3、4點後，出現的機會又會增加。

大雪山林道23.5K的鳥餐廳

每年11月下旬到隔年2、3月，是高山上的山桐子樹結出紅色果實的時節，因為這種紅色果實會吸引鳥兒前往啄食，所以，山桐子常被稱為是高山上的鳥餐廳。

在大雪山林道23.5公里處，路旁長了一棵極其高大的山桐子樹，這棵山桐子果實每年都結得最多，也最靠近馬路，遊樂區管理當局還特別在此地搭建了木造賞鳥平台，方便遊客賞鳥，並設有解說牌。

除了這棵招牌山桐子，在它的上下數公里範圍內還有好幾棵山桐子樹，也同樣會吸引鳥兒前去「用餐」。

藍腹鷳家族。

藍腹鷳。

在山桐子季節，最吸引賞鳥人眼光的是黃腹琉璃。牠們出現後，各自占據枝頭最有利位置，咬下鮮紅的果子，飽餐一頓。在藍天襯托下，牠們鮮黃色的肚子和藍色背羽，讓人大為驚艷，也不禁了解為什麼牠們會被冠上如此美麗的名字。

接著是白耳畫眉，一道長長的白眉毛是牠們的最大特徵，牠們啄食的動作相當快速，還經常表演倒掛在果子上的特技。

小小的冠羽畫眉被戲稱為是龐克頭小子，模樣逗趣可愛。在眾多鳥兒當中，牠們大概是最快樂的一群了，常見牠們在枝頭上相互嬉戲，像極了頑皮的小孩子，透過望眼鏡，看著牠們在枝頭間輕快跳躍，會讓人忍不住露出會心的微笑。

等待帝雉

想要一窺帝雉風采，必須買票進入大雪山森林遊樂區，到40幾公里處，才可能有機會看到有「迷霧中的王者」之稱的帝雉。

帝雉是台灣特有的長尾雉屬鳥類。分布於中、高海拔山區，是台灣的雉科鳥類中棲息於最高海拔者。帝雉已被列為世界瀕危鳥類，和藍腹鷳同被列於世界自然保護聯盟瀕危物種紅色名錄書中。帝雉也是台灣特有種鳥類中體形最大、羽色最高貴的。

在大雪山這兒，帝雉出現的時間以晨昏最多，最早是清晨5、6點，最晚則在下午5、6點，期間則視季節情況，也有可能會在下午2、3點時出現。

如果有幸看到帝雉出現在你面前，切記，一定要在旁靜靜觀看，絕對不要出聲，也不要作出太大的動作，以免驚嚇了如此尊貴的鳥兒。

info

交通資訊

自行開車：國道1號台中系統交流道下→國道4號豐原端交流道下→省道台3線→大雪山林道→至遊樂區售票口買票進入

大眾運輸：搭台鐵至台中站下，轉搭豐原客運(往東勢)至東勢站下，轉搭豐原客運(往大雪山森林遊樂區)至大雪山站下

白耳畫眉

帝雉。

台灣最
美麗的鳥點
——福山植物園

在我多年賞鳥、拍鳥歲月裡，位於台北、宜蘭交界處深山中的福山植物園，一直是我心目中台灣最美麗的鳥點，因為這兒不但風景美麗，保留著最原始、豐富的生態，更重要的是在這兒可以看到最美麗的鳥兒：鴛鴦。

從解說站沿著步道走進水生植物區，映入眼簾的是一個大水池，池中散布開著黃色小花的台灣萍蓬草，池水清澈，可以看到水下青青的水草和魚兒(特有種的台灣馬口魚)，水池四周翠綠一片。如此寧靜的美景，加上清新的空氣和微涼的感覺(這兒的年平均氣溫只有18度)，讓人覺得身心無比愉悅。

但最吸引賞鳥人的則是水池裡的鴛鴦。這兒是全台灣最容易看到成群鴛鴦的地點。三五成群的鴛鴦悠游水中，一般都是羽色艷麗的公鴛鴦在前，母鴛鴦緊跟在後，一對對的鴛鴦就在池中悠游、覓食，穿梭在黃色的萍蓬草間。游累了，這些鴛鴦就到樹上或岸邊休息，也是一對對，形影不離。

這個水池並不是天然形成的，最初，這兒原本只是一片低窪的濕地，後來，園方才引入哈盆溪的溪水，溪水流過水生植物池後再流回哈盆溪，不但帶來比較高的溶氧量，也吸引來鴛鴦這種難得一見的嬌客。

欣賞公鴛鴦美麗的繁殖羽，最好選冬季和春初。

除了鴛鴦，水池中還可見到小鸊鷉，這種深褐色的小水鳥是潛水和捕魚高手，也是池中的小可愛，小小的身影夾雜在鴛鴦群中，可見它們一會兒在水面上疾游嬉戲，一會兒潛入水中，一會冒出頭來，替整個水生植物池帶來不少熱鬧氣氛。

info

交通資訊

5號國道宜蘭交流道→縣民大道→嵐峰路一段→嵐峰路二段→嵐峰路三段→員山路一段→復興路→溫泉路→大湖路→隘界路→雙埤路→福山植物園

入園申請

福山植物園採登記制進行遊客人數管制，並將入園參觀時間限制在上午9點至下午4點，所以，要去福山植物園，一定要先上網申請

最不私密的
私密鳥點

──台北植物園

提到台北的植物園，外地的愛鳥人士都會眼睛為之一亮，並露出羨慕的表情，直說，台北人太幸福了，有這麼一處交通方便、林木扶疏，且每次都絕對有鳥可看的鳥點。

以每年6月到8月底的植物園荷花季來說，除了吸引很多愛花人士，也引來很多愛鳥人士，拍花和拍鳥的人士幾乎一樣多。

植物園荷花季期間，荷花大池裡的荷花開得又多又茂盛。每天早上，荷花盛開，引來很多白頭翁啄食荷花花蕊，構成很美的畫面，賞荷兼拍鳥，更增趣味。

想要拍荷花上的鳥影，必須要早，大約從早上6點多就可拍了，到早上10點左右，陽光最明亮，拍出來的花鳥畫面最美。

不是荷花季，平常日子來植物園賞鳥，也絕不會落空。五色鳥、綠繡眼、翠鳥、紅冠水雞、夜鷺、斑紋鳥、白腹秧雞和黑冠麻鷺是園中固定住戶，想不看到牠們都很難。特別是白腹秧雞，目前已經繁殖到第二代，看來會一直在植物園裡繁衍下去。

愛鳥人士都知道，白腹秧雞是很膽小的鳥，在野外想要看到牠們，真是難上加難，但在植物園，這一家子白腹秧雞卻超級親民，一點也不怕人，可以讓你欣賞個夠。

除了以上這些「普鳥」，植物園因為林木茂密、樹種繁多，經常會吸引各種平常難得一見的留鳥和過境鳥前來，過去幾年裡，植物園就陸續出現黃尾鴝、黃眉黃鶲、壽帶、領角鴞、灰林鴿、虎鶇等，每一次都引來大批鳥人。

印象最深刻的是灰林鴿那一次。灰林鴿一向只在高山活動，2011年2月間，植物園意外來了一對灰林鴿，造成大轟動，每天都有來自全台各地的大批愛鳥人士擠在布政使司右前方的水池邊，大炮林立，十分壯觀，一連持續了將近1個月。此後，連續幾年，灰林鴿都有出現。

到植物園，即使不賞鳥，光是看看園內四季不斷更替的各種花卉，在各條便道、棧道和各個花科區內走走，也會讓你覺得心曠神怡。

園內還有布政使司衙門古蹟，這是清朝遺留下的完整官式建築，目前已經重新整修過，每天開放供人參觀，也很值得一看。

info

交通資訊

地址：臺北市中正區南海路53號
公車：可選擇設有植物園站和中正二分局站的公車，下車後再步行中前往
捷運：捷運小南門站

賞櫻拍鳥
好去處
——中正紀念堂

在台北市，中正紀念堂也是賞鳥人士最常造訪的公園之一，這兒有兩個生態池，有翠鳥固定出沒，靠近中山北路的松樹林區裡有鳳頭蒼鷹，園裡到處可見到白頭翁、綠繡眼、喜鵲、鵲鴝，碰到過境期，這兒常有各種鶇類出現。在五色鳥繁殖期，這兒也可見到五色鳥育雛的畫面。整個來說，中正紀念堂的鳥況算是不錯。

但我要特別推薦的是，在櫻花季期間，來中正紀念賞櫻、拍鳥。

每年歲末，全台的櫻花陸續開始，除了愛花人士忙著到處欣賞櫻花美景，愛鳥人士也拿起望遠鏡和相機，捕捉在櫻花樹上啄食、嬉戲的鳥兒丰采。

一般而言，櫻花美景都在鄉間或山區，要前往觀賞，必須開車或搭車，還要安排一兩天假期，才能玩得盡興。

如果你住在台北市或新北市，中正紀念堂則是一個交通十分方便的賞櫻兼賞鳥、拍鳥的好景點。

當中正紀念堂的櫻花開了的時候，從信義路的大忠門進入，左手邊就可看到一個小小的櫻花園，園裡的山櫻花開得火紅，馬上就吸引遊客的眼光。

綠繡眼在櫻花枝頭飛舞採蜜

過了這個櫻花園，繼續往前走，就來到沿著杭州南路前進的步道。這一條步道就是中正紀念堂的「櫻花大道」，步道兩旁植滿櫻花，雖然櫻花樹並不高大，但當櫻花續開時，一整條櫻花大道都被滿滿的櫻花遮蔽，走在其中，彷彿置身櫻花林中。

櫻花開得燦爛，鳥況也跟著好起來，走在櫻花樹下或櫻花大道中時，只要聽到啾啾的鳥叫聲，眼睛往上瞧，就可以看到一群群的綠繡眼飛到櫻花樹上，在紅紅的櫻花上跳躍，不時把鳥嘴伸進櫻花花蕊中吸取花蜜，有時還會出現倒掛枝頭的畫面。

透過望遠鏡或相機長鏡頭欣賞這些美景，一定會讓你流連忘返。

中正紀念堂就在台北市內，交通方便，在櫻花盛開期間，帶著你的賞鳥工具，搭捷運或公車來到這兒，看看花，看看鳥，可以很愉快地度過半天，或甚至一整天。

info

交通資訊

1.可以搭乘台北市聯營公車、新店客運、台汽客運和指南客運等公車，在中正紀念堂站或南門市場站下車

2.搭捷運，在中正紀念堂站下車

要賞櫻，就從大忠門進入。

綠繡眼。

輝椋鳥和狀元紅。

大方上演
飛行秀
與餵食秀

——大安森林公園

在台北，大安森林公園是相當好的賞鳥地點，與植物園齊名。

由於園中林木繁多(它可是「森林」公園哦)，所以園內鳥況一直都很好。平常日子裡，園內可以固定看到白頭翁、綠繡眼、綠鳩、鳳頭蒼鷹、五色鳥、喜鵲等等。

大安森林公園是很特別的鳥點，不但適合資深賞鳥人士來這兒尋寶，例如，有時可看到罕見的過境鳥，更適合剛學習賞鳥、拍鳥的新手。新手可以在這兒訓練自己辨識鳥種，順便練練自己的拍鳥技巧。

進入大安公園賞鳥，第一站就是它的生態池。這兒固定有白鷺、夜鷺、綠頭鴨在池內悠游，隨著季節更替，則會陸續出現小鷿鷈、白腹秧雞和蒼鷺等。

生態池還常常上演鳥兒的「飛行秀」。有些遊客會向池中拋下麵包屑，引來池中的白鷺、夜鷺、蒼鷺和綠頭鴨爭食，一隻隻鳥兒凌空飛來，落到水面、搶到食物後，再度振翅飛起，飛回池中央人工小島上的樹林。優美的飛行姿態，引來池邊人群的歡呼、驚叫，大家紛紛拿起相機、手機拍照。

大安森林公園另一個賞鳥盛會就是五色鳥的餵食秀，每年大約從3月到7、8月是五色鳥的繁殖期，園內的五色鳥會在樹幹上啄洞築巢，在樹洞裡產卵，等小鳥出生後，五色鳥爸媽就會不停地出外覓食，把食物咬在嘴裡，再飛回巢中餵食小鳥。在這段期間，每天都會吸引大批拍鳥人士來到大安公園，捕捉鳥爸媽飛進飛出餵食的畫面。

交通資訊

地址：大安森林公園位於台北市大安區新生南路和信義路路口

1.捷運：木柵線至大安站下車往西沿信義路步行即可到達，也可在科技大樓站往西沿和平東路步行即可到達

2.公車：有0東、0南、3、15、18、20等多線公車

綠繡眼。

夜鷺飛行秀。

看鳳頭燕鷗
捕魚

——宜蘭大溪漁港

每次看到外國電影裡，海鷗成群飛翔在漁港的畫面，就覺得很羨慕。台灣是海島，漁港到處可見，照道理，應該也會出現這樣的畫面，但事實上，從南到北，跑遍各個漁港，平常日子裡根本就見不到海鷗的影子，即使到了夏候鳥過境的時節，在一些漁港裡雖然也可以看到鷗類的影子，但都是零零星星的。

在雪山隧道開通後，台北的賞鳥人開始把賞鳥、拍鳥的範圍延伸到宜蘭，大家很快就發現了大溪漁港這個好地方。原來這兒就是台灣最大的海鷗(主要是鳳頭燕鷗)聚集地，想要看成群海鷗在空中及海面飛翔的畫面，來大溪漁港這兒，就對了。

每年從5月起，就會有大批鳳頭燕鷗聚集在大溪漁港。它們平常都棲息在漁港外的礁石和防波堤的消波塊上，到了下午2、3點起，出海作業的漁船開始回到港內，這時，大批的鳳頭燕鷗就會緊跟在這些漁船後飛進港內，搶食這些漁港在卸下漁貨時掉在港內的小魚、小蝦。

這時，漁港內就會出現很熱鬧的氣氛，一大群一大群的鳳頭燕鷗在港區上空不斷盤旋飛翔，等看到水面上有魚、蝦時，就會俯衝而下搶食。

只要找個好位置，不但可以欣賞海鷗滿天飛舞的畫面，還可以看到這些鳳頭燕鷗下水撈魚的畫面。這樣的情況可以一直持續到下午5、6點，直到天黑為止。

如果覺得這還不過癮，還可以到港區的防波堤，欣賞停在防波堤消波塊和礁石上的鳳頭燕鷗。

看完海鷗後，不要忘了逛逛這兒的漁市場，買些新鮮魚貨回去。

info

交通資訊

開車
1.北宜高速公路出雪山隧道後，下礁溪頭城交流道，往頭城方向沿海公路行駛。過梗枋、大溪後即可到達大溪
2.沿濱海公路往宜蘭方向行駛，過石城、大里後即可到達
搭火車
搭乘台鐵北宜線，在大溪車站下車後，約步行20分鐘即可到達

秋過境的賞鳥勝地

——野柳

過了中秋，天氣開始轉涼，喜歡賞鳥、拍鳥的鳥人們，心情馬上興奮起來。因為每年都有的野柳秋過境盛況馬上就要上演。

海岬地形的野柳，一直是北部賞鳥勝地，尤其是在秋冬東北季風吹起的時候，很多由北往南的過境鳥都會選在這兒落腳幾天，也引來全省各地鳥友。

想要賞鳥，進入野柳地質公園後，就一直往後面走，走到最後段的公廁旁，順著步道往上走，就會踏上野柳岬步道，這是野柳的賞鳥步道，基本上只有這麼一條步道，就可以一直走到最後的觀景亭。

海岬步道全線都是鳥點，一面走一面注意觀察，常常會有意外的驚喜。

快到觀景台前的幾百公尺有一處公廁，這兒是鳥人的拍鳥祕境，號稱「神廁」，因為每年都會在這兒看到許多平常難得一見的過境鳥。

一提到野柳秋過境，最具代表性的鳥兒就是日本歌鴝，小小的，很可愛，被鳥友膩稱為「小橘子」，以前幾乎每年都會到野柳報到，是鳥友追逐拍攝的目標。近幾年來，因為來的次數不再那麼多，所以，只要一傳出日本歌鴝來了的消息，野柳岬步道上就會出現大批鳥人。

另外，會在這兒出現的，還有壽帶、灰背赤腹鶇、短尾鶯、黃尾鴝、極北柳鶯、黃眉柳鶯、黃腰柳鶯等等。

要上野柳岬賞鳥步道，必須先爬一段很陡的「好漢坡」，步道本身也有一點坡度，走起來會很喘、汗流浹背，多帶點飲水是必要的。也因為如此，除非你是身強體壯的年輕小伙子，才會建議你揹500或600mm的大砲鏡頭和腳架上去，否則，帶個300或400mm的鏡頭就夠了，甚至70～200mm的小白、小黑鏡頭也夠用，因為這兒的鳥通常不會距離太遠。

受東北季風影響，秋過境的野柳常會下雨，所以，雨具是一定要帶的，如果你帶了相機，最好也替它多準備一套雨具。

info

交通資訊

野柳地質公園
地址：新北市萬里區野柳里港東路
營業(開放)時間：每日08：00～17：00，開放時段依季節彈性調整
自行開車：中山高下金山／八堵交流道，左轉接台二線，往金山方向直行即抵達野柳
大眾運輸：搭淡水客運、國光客運、基隆客運往基隆、金山方向，於野柳站下車，可看到明顯指標，步行約10分鐘即可抵達

這就是神廁，這兒的鳥況最好。

日本歌鴝若在野柳出現，一定造成轟動。

黃尾鴝

黑鳶
精采飛行秀
——基隆港

基隆港是十分方便的一個賞鳥鳥點，而且觀賞的是一種很特殊的大鳥—黑鳶。

黑鳶就是一般人俗稱的老鷹，在台灣農業社會時期，全省各地的河谷、山崖、港邊或平常人家的養雞場，都可以看見黑鳶在天空翱翔的身影，但後來黑鳶的數量越來越少，目前全台可以看到數量最多、最穩定的黑鳶族群，就只有基隆港了，難怪基隆市的市鳥就是黑鳶。

來到基隆，找到基隆火車站前的海洋廣場，站在靠海的欄杆前，抬起頭望向空中，不需等太久，就可以看到黑鳶從外木山方向飛往基隆港來。有時只有1、2隻，有時則是7、8隻一整個族群。黑鳶飛行的速度極快，本來只是一個個小黑點的，很快就會飛得越來越近，越來越大隻，不需望遠鏡，光用肉眼就可以看到它們雙翅展開後顯現的黑白相間羽色。

在海洋廣場上，幾乎每天都可以看到專門拍黑鳶的愛鳥人。

一開始，黑鳶會在高空盤旋，越盤越低，並且繞著港區周邊飛行，在你面前展開一場精采的「飛行秀」。接著上場的是「衝水秀」，只見黑鳶突然從空中來個大翻轉，筆直衝向海面，用腳抓起浮在海面的殘渣、食物，再向上飛起，一連串的動作快速、精準，讓觀眾們大呼精采。

這樣的黑鳶秀只有基隆港才看得到，所以非常值得你大駕光臨基隆。

除了觀看黑鳶的表演，來到這兒還可欣賞港區美景。若是碰上麗星郵輪開航的季節，還可看到麗星郵輪進港、出港的畫面。海洋廣場規畫得不錯，廣場整天熱鬧滾滾，遊人來來往往，已經是基隆市最受歡迎的景點之一。

不要忘了，在廣場玩得盡興了，移動腳步，走不了多遠就到聞名的廟口小吃，數不盡的美食正等著你呢！

info

交通資訊

1.觀賞黑鳶的地點就在基隆火車站前的海洋廣場，十分好找

2.最方便的交通工具是火車，走出基隆火車站，上了天橋下來就會到海洋廣場

到基隆港看黑鳶吧！這將會是一趟結合港區美景、麗星遊輪、廟口小吃的快意之旅。

黑鳶飛過港區上空。

黑鳶在港區覓食。

官田
水雉生態
教育園區

拖著長長尾羽、體態輕盈，優雅地行走在水面菱角和蓮花葉上的水雉，難怪有著「凌波仙子」、「葉行者」和「菱角鳥」的美麗稱號。

因為生性害羞、警覺性高，再加上族群數量不斷減少，想要在野外看到水雉，可說難上加難。幸好，相關單位在台南官田設立「水雉生態教育園區」後，不但美麗的水雉受到妥善保護和復育，也讓愛鳥人士有機會看到這些珍貴的鳥兒。

這幾年來，園區的水雉復育工作已經頗有成效，水雉數量明顯增加。想要欣賞水雉，來到這兒，幾乎都不會失望。

園區內可看到水雉起舞的畫面。

info

交通資訊

國道3號→台84東西線快速公路(往北門方向)→於西庄交流道下→接171線(往拔林方向)→裕隆路→水雉生態教育園區
開放時間：週二～日開放參觀，時間為09:00～17:00，採自由參觀，請依步道行走
休園時間：週一。每月25～31日為月底休園日，也不對外開放

壯觀
起鷹
——社頂公園凌宵亭

每年9月中旬起，一直到10月，大批老鷹(松雀鷹、赤腹鷹、灰面鵟鷹等)來到墾丁，這些鷹群飛抵墾丁後，會先在當地休息，然後等到氣候條件許可的時候，就在每天日出時分起飛，飛越巴士海峽，飛往下一個棲息地。

這種起飛出海的畫面，就是著名的「起鷹」。碰到天候條件許可，同時起鷹的老鷹數量可達上萬隻，可見場面之壯觀。

想要觀看這樣的「起鷹」畫面，只有一個選擇：墾丁社頂公園的凌宵亭。而且，最好要在清晨6點左右就趕到亭上，才能看到。

社頂自然公園位於墾丁森林區的東南方，面積廣達128.7公頃，是海底珊瑚礁隆起所形成，因而地形地貌相當特別，加上此地的熱帶林木受到東北季風的吹襲，動植物生態相當豐富，如同天然盆景。

而凌霄亭就位在社頂公園的最高點，四周沒有遮蔽，視野極為開闊，是觀賞鷹群過境時的最佳所在，所以有「賞鷹亭」的美稱。每年賞鷹季期間，賞鷹人群常常把小小的亭子擠滿了。

---

info

交通資訊

1.走國道三號南下，至南州交流道下，轉台一線依照往墾丁指標前行

2.過楓港接26號省道過車城、恆春，過了核三廠、南灣遊憩區至墾丁街，由墾丁街口左轉牌樓繼續前進，至墾丁森林遊樂區右轉，不遠即可抵達社頂自然公園。抵達社頂公園後，依園內指標即可到凌宵亭

赤腹鷹。

凌宵亭。

Chapter 5

鳥人常去的
一般鳥點

拜訪過台灣十大鳥點後,入門鳥友就可以自許為資深鳥友了,這時就
可以把賞鳥觸角更向外擴張,不管海邊或內陸,都可以找到很不錯的
鳥點,這兒介紹其中幾處。特別推薦金門,夏天時去一趟,可以看到
栗喉蜂虎,這是在台灣看不到的。

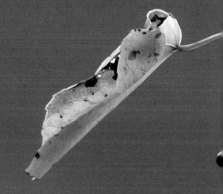

桃園賞鳥第一站

——大園廣興堂

北部賞鳥，一定少不了桃園的沿海地區，主要是因為桃園沿海地區擁有豐富的溼地生態，平常就是很多留鳥的理想棲地，碰到秋、冬過境期，這兒更會吸引大量的過境鳥暫時停留。

但桃園沿海地區範圍還滿大的，剛開始學習賞鳥的鳥友們，可能會一時不知道從哪兒看起，因此，建議鳥友可以把大園鄉廣興堂這個定點，作為桃園沿海地區賞鳥的起點。

廣興堂要從台15線進入，是一間農舍式的私人祠堂，小小的，平常大門緊閉。堂前有一片廣場，廣場前則是一塊塊相連的水田，每年秋冬季節，這些水田處於休耕狀態，而且全都蓄了滿滿的水，成了過境鳥的最佳棲息地。

在這時候，可以看到這些水田裡有大群的高蹺行鳥、小環頸行鳥、金斑鴴、鷹斑鷸、田鷸、鶺鴒等等。高蹺行鳥很優雅地佇立著，小環頸行鳥、金斑鴴、鷹斑鷸、鶺鴒則低著頭拼命覓食，十分可愛。人車經過時，這些鳥兒有時會受到驚嚇而飛起，但只要耐心等候，過不了多久，牠們又會飛回來。

除了這些常見的水鳥，廣興堂這兒的水田每年還會偶爾出現一些罕見的過客，引來鳥友的驚喜，像有一年來了幾隻流蘇鷸，曾經引起騷動。更早前，這兒還曾出現一隻罕見的爪哇池鷺。頭上有一根小辮子的小辮　也常會出現。

這兒也是彩鷸的棲息地，大約有2、3個彩鷸家族固定在這兒生活、繁衍。

整個來說，只要挑對時機，來廣興堂這兒賞鳥，一定不會失望。在這兒賞完鳥後，接著就可以擴大到周邊的水田賞鳥，也可以到附近的大平頂、內海國小周邊和許厝港等地繼續賞鳥。

info

交通資訊

不管是走中山高或北二高，記得轉入往桃園機場的國號二道高速公路，在大園交流道下，再轉到台15線，在台15線33K處的南下車道右側可見到一紅色的(福忠宮)大拱門，右轉從拱門進入，前行約1公里，注意右邊有「廣興堂」的小木牌，右轉沿著農路前行，就可到達

前往廣興堂，要從台15線33K處的福忠宮拱門進人。

美麗的彩鷸。

埃及聖䴉。

北部賞鳥
精華區
——金青活動中心

每年到了台灣北部候鳥秋過境的高峰期，每天都會有大批鳥友跑到被奉為北部秋過境賞鳥第一勝地的野柳賞鳥、拍鳥，如果時間安排得好，在逛完野柳後，可以轉到距野柳不遠、位在金山的金山青年活動中心繼續賞鳥，一定可以得到意外的驚喜。

每年10月到隔年4月的秋過境，許多北方候鳥會南下過冬，正是賞鳥的最好時機，金山和野柳同樣都是這一時期鳥類最喜歡光顧的地方，也是每年候鳥南來北往必經之地。尤其是救國團經營的金山青年活動中心更被視為北部賞鳥的精華區，還被列入台灣賞鳥景點前20名名單內。

過境鳥最愛棲息之處

金青園區占地很廣，生態保護作得很好，區內植有很多木麻黃、雀榕等植物，因此很能吸引鳥類前往。只要在園區內逛逛，就可以觀賞到不同特色的鳥類，平常時候，可以看到伯勞、珠頸斑鳩、大卷尾、八哥、以及白頭翁等普鳥。

在秋過境時間內，則可以看到赤腹鶇、烏灰鶇、斑點鶇、野鴝、戴勝等等。三不五時還會出現一些稀有過境鳥，吸引大批鳥人前往，像是前幾年的黃連雀，就造成大轟動。

好玩的是，因為野柳和金青距離不遠，所以這兩地的過境鳥常會出現互補的情況，有些鳥兒先在野柳出現，過了幾天，可能就出現在金青，也可能出現先金青後野柳的情況。所以，秋過境期間只要野柳和金青同時走一回，大概就不會漏掉什麼鳥了。

金青交通方便，區內設施完備，林木扶疏，是很棒的休閒區。逛完金青，可以順道逛逛金山老街，也可泡泡溫泉，度過充實又愉快的一天。

info

交通資訊

1.國光客運和皇家巴士都有台北到金青的專車

2.自行開車，則可由中山高或北二高接基隆走基金公路經萬里直達金青

戴勝幾乎每年都會在金青出現。

赤腹鶇。

黑面琵鷺
過冬棲息地
——台南七股

在台灣賞鳥，觀賞黑面琵鷺是每年不可少的重頭戲。而想要觀賞黑面琵鷺，那就一定要到台南七股。

每年10月至隔年的4、5月，黑面琵鷺便會從北方飛到台灣避寒過冬。根據統計，最近幾年，每年平均都有一千多隻的黑面琵鷺來台灣過冬，約占全球黑面琵鷺總數的一半。也就是說，每年都有超過一半的黑面琵鷺在台灣度冬，這是很令我們感到驕傲的。

其中又以在台南七股的黑面琵鷺為數最多，為了保護這些遠來的貴客，農委會特別設立占地300公頃的七股黑面琵鷺保護區。

「黑面琵鷺保護區」有三座賞鳥亭，都是鳥迷必定要造訪的。

黑面琵鷺生態展示館是建在水上，造型相當特殊，內部規畫有展示室區、生態影片多媒體放映室、休閒餐飲空間及觀景平台；展示室空間主題以黑面琵鷺為主，包括黑面琵鷺生命史、濕地生態、保育運動及永續發展。

觀賞黑面琵鷺必走的三座賞鳥亭

但如果要看黑面琵鷺，就要離開生態館，前往三座賞鳥亭。第一跟第二座賞鳥亭比較靠近內陸，第三賞鳥亭比較靠近海岸。之所以會設立三個賞鳥亭，是因為黑面琵鷺停棲的地點不會固定，有時靠海邊，有時又會飛到較靠陸地這邊。

根據鳥友的經驗，要觀賞黑面琵鷺，上午以第一、二賞鳥亭較佳。下午則以第三賞鳥亭為佳。

不過，在七股保護區這兒看到的黑面琵鷺，距離都相當遠，一定要準備高倍望遠鏡和攝影鏡頭才能看得清楚。

所以，有經驗的鳥友都會在保護區附近逛逛，往往可以在周遭魚塭裡看到一些黑面琵鷺。另外，台南工業區附近的台17線兩旁魚塭也常可見到黑面琵鷺的身影。

交通資訊

1.國道一號麻豆交流道下，走176縣道往佳里方向前進，於七股左轉接台17線南下，於國姓橋前循指標接173縣道往西方向直行即達
2.國道三號新化系統接國道八號，於新吉交流道下，走19號省道往佳里方向，於西港附近左轉173號縣道往西直行即達
3.台17濱海線往七股方向，於國聖橋七股端循指標接173縣道往西方向，直行即達

黑面琵鷺生態展示館建在水上，造型相當特殊。

黑枕藍鶲
的家

——宜蘭三富農場

宜蘭在台灣東北角，背山面海，風景秀麗，再加上處於台灣後山，開發較慢，境內生態環境相對豐富，使得宜蘭成為台灣的一處賞鳥勝地，全省各地的鳥友有空都會往宜蘭跑。

在宜蘭的眾多賞鳥點裡，一定要提到的一個就是三富農場。

三富花園農場在宜蘭縣冬山鄉的中山休閒農業區內，是一處有收門票的生態休閒園區，區內花木扶疏，規畫有各種生態區，所以區內自然生態豐富，除了花木多，昆蟲和鳥類也多。

當然，愛鳥人士最喜歡的還是這兒的豐富鳥況。

我個人覺得，這兒最吸引我、也是造成我每年必會前往拍鳥的一個最大誘因，就是這兒的黑枕藍鶲。

每年黑枕藍鶲的繁殖期間，都會有幾對黑枕藍鶲在三富築巢，最常見的是在三富的柚子園裡。因為農場的自然生態很好，農場主人也刻意保護鳥兒，不讓鳥兒受到遊客騷擾，所以，這兒的鳥不太怕人。

因此，我在三富農場這兒看到的黑枕藍鶲，都是把巢築在很開放的低矮枝頭上，沒有濃密的枝葉遮掩，跟黑枕藍鶲在別的地方都會把巢築在很隱密的枝頭高處不一樣。在這兒觀賞起來十分輕鬆，若是要拍照，也可以拍出完整而美麗的畫面。

另外，三富每年會吸引大批鳥人前往的，就是八色鳥。過去幾年，每年都有八色鳥造訪三富。

除了，黑枕藍鶲和八色鳥，朱鸝也是三富的常客。

info

入場資訊

場址：宜蘭縣冬山鄉中山村新寮二路161巷82號

門票：100元(可抵消費)

園區開放時間：09:30～18:00

交通：台北出發→走國道5號下羅東交流道→直走到底T字路右轉中山路(台7丙)往羅東方向→走到光榮路左轉→過高架橋直走第三個紅綠燈往丸山、仁山植物園方向(宜34線、義成路三段)左轉→走到底(約2.7km看咖啡色指標)右轉直走仁山植物園→三富花園農場

黑枕藍鶲會固定在三富農場築巢。

八色鳥。

小啄木
育雛秀

——台南巴克禮公園

台南市的巴克禮公園是一個小而美的公園，園內遍植樹木，小橋流水，柳樹成蔭。走進園中，馬上會讓人忘了園外的城市喧囂。

巴克禮公園是為紀念英籍巴克禮牧師而命名，位於台南市東區崇明里，就在台南市立文化中心對面。巴克禮公園占地不大，但整體規畫十分完美，曾經名列全國10大優良公園，還得過第一屆全國景觀大獎、國家卓越建設獎等。最難得的是在2007年更獲得「全球卓越建設獎公共建設類」的優選，因此，這也是一座國際知名的景觀公園。

巴克禮公園內，一年四季隨時有花可賞：初春時，波斯菊長滿園區，4月開始就是木棉花季，到了5月，阿勃勒的黃金雨灑落一地，6月鳳凰花開，7月夏荷展新姿。

如此豐富的生態環境，也造就巴克禮公園的另一特色：鳥兒多。所以，巴克禮公園也是一處賞鳥勝地。

在平常日子裡，園內經常可以看到白頭翁、綠繡眼、珠頸斑鳩和樹鵲這些普鳥，黑枕藍鶲和鳳頭蒼鷹偶爾也會在園內出現。每年冬季，更一定會有一對紅尾伯勞在此過冬。

但對愛鳥人士來說，巴克禮公園的特色就是小啄木，尤其是每年都會上演的小啄木育雛秀。

巴克禮公園內有幾對小啄木棲息，每年2、3月起就是小啄木育雛期。已經配對完成的小啄木會找園內適合的樹木啄洞作巢，在巢內產卵，等小鳥孵出後，鳥爸爸和鳥媽媽就會展開忙碌的餵食，不斷地咬著食物從外面飛回巢中餵食小鳥，這要忙上好幾個星期，直到小鳥長大，能夠飛出巢外為止。

小啄木通常築巢在水邊的柳樹上，到園中運動、遊憩的市民，很容易就會看到，也吸引很多愛鳥人士前往觀賞、攝影。

除了運動、賞花、看鳥之外，在巴克禮公園還可以觀賞到很多蜻蜓、蝴蝶和昆蟲。每年，巴克禮公園還會舉辦螢火蟲季，請市民在晚上到公園賞螢。

在台南市的都市叢林裡，竟然有巴克禮公園這麼一處生態寶庫，實在十分難得。

info

交通資訊

1.中山高速公路→下仁德／台南交流道→東門路→中華東路→巴克禮紀念公園
2.南二高→關廟交流道沿東西向快速道路→台一線→大同路→中華東路→巴克禮紀念公園

台灣看不到的栗喉蜂虎

——金門

在台灣賞鳥、拍鳥久了，就會心動，想說是不是離開台灣，到外面看看平常在台灣看不到的鳥種。所以，常常會有賞鳥人士跑到國外，像是日本、馬來西亞、泰國、甚至非洲賞鳥、拍鳥。

其實，想要到台灣以外的地方看看不同鳥種，金門是相對比較方便和便宜的選擇，而且還可看到很特殊的一種鳥——栗喉蜂虎。

栗喉蜂虎是熱帶鳥類，每年3、4月由中國大陸雲南、廣東、廣西及南洋一帶飛抵金門度夏、繁衍，直到10月初才會南返。牠是金門夏季最常見的候鳥，從來不曾在台灣本島出現，所以，台灣的賞鳥人士想要看栗喉蜂虎，唯有前往金門一遊。

栗喉蜂虎有栗色紅的喉部、黑色過眼線和藍綠色為主的羽毛，尾巴中央更有特長中央尾羽，並有既尖又硬的嘴喙，外型很搶眼。

栗喉蜂虎因為有一身鮮艷的羽毛，和靈巧的飛行技巧，因此被冠上「金門夏日精靈」的封號。

我在金門拍攝栗喉蜂虎的地點，是一大片的紅土廢土場，十分荒涼，頗有火星地表的味道。

紅土壁上，有無數的小洞，這都是栗喉蜂虎挖出來的家，裡面住著剛出生的小鳥，牠們的父母則在外頭飛翔，並施展空中獵殺的絕佳技巧，咬住飛行中的蜻蜓、蜜蜂、蝴蝶和小蟲，然後回到洞裡餵食牠們的小鳥兒。

透過鏡頭，可以看到停在枯枝上的每隻栗喉蜂虎嘴裡都咬著一隻蜻蜓，眼露凶光，左顧右盼，相當得意。

金門本來就是賞鳥天堂，夏天到金門，除了栗喉蜂虎，其他鳥類也很豐富，像是戴勝、蒼翡翠、斑翡翠、鵲鴝、環頸雉等。

到金門賞鳥，最方便的就是租機車，不但可以把島上所有鳥點逛完，還可以欣賞當地特有的閩式聚落，或是到島上各個角落搜尋各種造型的風獅爺。

info

交通資訊

前往金門，搭飛機最方便，高雄、台北、台南、台中和嘉義都有班機來往金門，有復興、立榮、華信和復興等幾家航空公司可以選擇。

為提供栗喉蜂虎長久穩定之營巢地，金門國家公園管理處陸續於乳山、青年農莊、田埔、慈湖等地，進行栗喉蜂虎的棲地營造，其中以慈湖的經營最成功。金管處在慈堤北端挖了一個直徑約十餘公尺的土坑，作為栗喉蜂虎繁殖的場所，四周設有圍籬，方便民眾觀察。

金門保存有閩南式傳統住宅，賞鳥之餘，不妨來趟走訪金門古聚落之旅。

竹山人的「祕密花園」
——竹山下坪熱帶植物園

在南投縣竹山鎮，有個被當地人稱之為「祕密花園」的「下坪熱帶植物園」(簡稱「竹山植物園」)，是賞鳥人每年冬季應該一訪的重要鳥點，因為在這兒可以看到很稀有的過境鳥—山鷚鴒。

從國道三號竹山交流道下來，來到竹山鎮，跟著路標找到「下坪熱帶植物園」，走進植物園，迎面而來的就是一條筆直的林蔭大道，路兩旁分別各有一條木屑步道，裡面擺滿木屑，走起來軟軟的，彷彿還聞得到木屑的香氣，十分舒服。

林蔭道左邊的林子，就是山鷚鴒的活動區。每年到訪的山鷚鴒最多只有3、4隻，加上山鷚鴒本身的保護色，想要一眼就看到牠們，實在很難，因此，只有耐心尋找，才看得到。

過動的山搖搖現身祕密花園

山鷚鴒體型不大，黑白相間的羽毛，長相討喜，最可愛的是，牠就像個過動兒，全身一直搖個不停，幾乎不曾看到牠靜下來，所以也有鳥友叫牠「山搖搖」。

發現山鷚鴒的身影後，不要驚動牠們，靜靜在一旁觀看，只見牠們很快速地在草地裡奔走、覓食，偶爾停下身子，就會展現牠全身上下搖動的特殊動作，十分可愛。

在台灣，山鷚鴒是極為稀有的冬候鳥，牠的原繁殖地在中國大陸東北、以及朝鮮半島，冬季則會遷移至華南方、東南亞、馬來西亞及印尼等地區過冬，台灣不是主要路線。過去，台灣只有零星紀錄且數量稀少，因此把山鷚鴒定位為迷鳥(迷途的鳥)，但近幾年來在竹山植物園冬天都有很穩定的過境紀錄，所以就把牠重新定位為過境鳥。

下坪熱帶植物園是台大實驗林所屬五個樹木標本園之一，位在竹山鎮下坪里，占地約8.87公頃，創立於日據時期，以栽植熱帶樹種為設置宗旨，園內栽種很多熱帶樹木，因為年代已久，這些熱帶植物全都長得又高又大，整個園區因此充滿綠蔭，給人很清爽的感覺。

園區生態十分豐富，吸引許多鳥類與昆蟲，是自然愛好者不可錯過的好地方。

對愛鳥人士來說，這兒更是賞鳥天堂，除了每年冬天的山鷚鴒，還有黑冠麻鷺、虎鶇、藍尾鴝、白腰鵲鴝、赤腹鶇等。

info

交通資訊

由中二高下竹山交流道，接3號省道至竹山鎮，再由竹山鎮的環外道路大明路，於自來水廠前右轉往竹山高中大門前之枋坪巷前進，過村莊後遇叉路，向右側直行，即可到達植物園大門入口

鴨鴨
天堂
——宜蘭梅花湖

位於宜蘭冬山鄉的梅花湖，是大家很熟悉的觀光旅遊景點，尤其牠上方的三清宮是台灣道教總廟，前往進香的信徒每天絡繹不絕，在進香完畢後，也會順道到梅花湖走走。

而在愛鳥人士心目中，梅花湖則是一處不錯的鳥點。

梅花湖為一天然蓄水池，湖面約20公頃，三面環山，湖形狀似一朵五瓣花，而東岸湖中有一座吊橋，銜接環湖公路及湖心的浮島，佇立島上可俯瞰整個湖面，風景十分秀麗。

梅花湖本身就是一個大水池，池中魚蝦和水生植物豐富，因此很能吸引周遭的野生鳥類前來，特別是水棲的雁鴨類，且越聚越多，使得梅花湖就成了一處雁鴨中心，有些愛鳥人士甚至把梅花湖稱作鴨鴨天堂。

在梅花湖，最常見、數量也最多的是綠頭鴨，這兒有好幾群，也就是好幾個綠頭鴨家族，牠們大都不怕人，常會游到湖邊，接受遊客餵食，或是和遊客嬉戲。

每年3、4月雁鴨科繁殖期間，更可以看到綠頭鴨媽媽帶著5、6隻小鴨子在湖中悠游自在的畫面，十分溫馨，也十分可愛。

除了綠頭鴨，這兒也常有罕見的鳥兒光臨，讓愛鳥人士欣喜不已。曾經有一隻台灣難得一見的埃及雁飛來湖中，而且停留了相當長的一段時間，似乎愛上寶島台灣了，讓愛鳥人士驚艷不已。

不過最能吸引愛鳥人士長途奔波前往梅花湖一遊的，就是美麗的鴛鴦。

最近這幾年，每年從農曆新年起，都會有鴛鴦飛來梅花湖，數量不一定，最多時候曾經多達十幾隻，最少的時候，也有一對。

鴛鴦成雙成對悠游湖中，配上藍天碧水，如此美麗的畫面，唯有在梅花湖才看得到，難怪會引來遊客和賞鳥人的驚叫連連。

除了上面提到的鳥種，在梅花湖這兒，還可以看到平常羞於見人的白腹秧雞。湖中有一大片蘆葦，是十分吵雜的夜鷺的領地。湖邊樹上有時可看到小啄木，草地上可看到鶺鴒漫步。另外，只要有耐心，加上運氣好，也可能在這兒看到大冠鷲、番鵑及朱鸝等。真是眾鳥齊聚，好熱鬧啊！

info

交通資訊

梅花湖風景區：宜蘭縣冬山鄉得安村環湖路

交通：台北→國道五號→下羅東‧五結交流道(南側46K處)→出交流道口請靠右行駛→右轉中山路(台七丙省道)→過廣興派出所→見全家便利商店左轉梅花路→見圓環左轉梅湖路

埃及雁現身梅花湖，引起騷動。

梅花湖是鴨鴨天堂。

保育鳥類
黃鸝築巢處
——景美萬慶公園

黃鸝是台灣保育鳥類，相當珍貴稀有，野外平常難得一見，尤其是在北部。但最近幾年，開始有黃鸝在新店現身的消息傳出，有一年夏天，一對黃鸝被發現在新店的大鵬華城新村庭園的大樹上築巢，並且育雛成功，產下兩隻小黃鸝，讓愛鳥人士高興不已。

此後，黃鸝在新店地區出現的消息就一直不斷傳出，但實際看到的鳥友並不多。

終於，在2012年初傳來好消息：有一群黃鸝穩定出現在新店對面的景美萬慶公園。

最後終於確定，這群黃鸝共有5隻，並不太怕人，有時候還會停在公園旁高樓住戶的窗台上，並發出悅耳的叫聲，十分吸引人。

4月間傳出更好的消息：其中一對黃鸝開始在公園裡築巢。到了5月中旬，這對黃鸝育雛成功，兩隻小黃鸝順利離巢，替萬慶公園的黃鸝家族增添了新生力軍。

在台灣，黃鸝被列為「珍貴稀有」的保育鳥類。黃鸝的體羽大部分呈金黃色，兩翅及尾呈黑色，在頭部通過眼有一條寬闊的黑紋，嘴呈粉紅色，腳呈鉛色，是一種非常美麗的鳥。更吸引人的是牠的叫聲十分響亮，歌聲猶如流水般的婉轉動人。

萬慶公園位於台北市文山區景美里育英街45巷旁，面積為17,157平方公尺，是一個狹長帶狀公園，鄰近景美溪及景美河濱公園，靠近景美捷運站。

萬慶公園園內設有涼亭、體健設施及溜冰場、健康步道等遊憩設施，是全家大小晨間運動及平日休憩運動的好去處。園內植物很豐富，有榕樹、尤加利、阿勃勒、風鈴木、鳳凰木、洋紫荊等等。這些樹木因為種植年代久遠，全都長得十分高大，構成園內濃密的樹蔭，一進園內即感到無限綠意與幽靜。

也因為園內花林多，所以這兒的鳥況一直不錯，平常日子裡可以看到五色鳥、黑冠麻鷺、斑鳩、白頭翁等等。現在再加進珍貴稀有的黃鸝，使得萬慶公園成了台北地區一個重要賞鳥點。

info

交通資訊

萬慶公園位置：台北市文山區景美里育英街45巷旁

全年鳥況豐富

—— 台大安康農場

新北市新店區的安康路是連接北二高、新店、碧潭的交通要道，每天從早到晚車水馬龍，一片喧囂，但如果從距離碧潭橋約500公尺處的莒光路轉入，走不了幾步路，就會看到一大片田野風光，氣氛頓時變得安詳寧靜，這就是台灣大學的安康農場，也是一處很方便的賞鳥勝地。

台大安康農場占地近20公頃，是台大試驗農場的分場，農場土地是一大片平原，視野廣闊，園區裡有水田、池塘，並種植水稻、荷花及向日葵等，十足農村風光，在繁華的大台北地區，能有這塊鬧中取靜的地方，實在難得。

其實，安康農場最出名的是牠的荷花，每年荷花盛開時，這兒是攝影人必訪的拍荷勝地。

而對愛鳥人士來說，這兒更是交通方便、鳥況豐富、全年都有鳥可賞、可拍的賞鳥勝地。

走進農場，左手邊是水池木棧道區，池裡種植荷花和各種水生植物。在這兒可以看到翠鳥、鷦鶯、斑文鳥，運氣好的話，還可以看到頭頂上有個大紅點的山紅頭。

走出木棧道區，繼續向前走，就會看到整個農場的空間呈現在你眼前，而最讓賞鳥人感到驚喜的就是左前方的生態池，這個池子很大，中間還有小島，島上和水池周邊都有茂密的芒草，隱蔽性很好，所以吸引很多鳥兒棲息，最常見到的是白鷺和夜鷺。池中可見到一綠頭鴨在水中游來游去。

這個生態池常有平常難得一見的鳥兒飛來，像是幾乎每年都會來的紫鷺，先前還記錄到鴛鴦、白眉鴨等。

只要耐心等待，就有機會見到超級怕人的緋秧雞從水池邊的草叢裡探出頭來。

生態池對面、荷花田左邊的野草區，則有黑喉鴝、伯勞和粉紅鸚嘴。

安康農場是隱身在市區邊緣的生態樂園，交通方便，不管任何季節，只要來這兒耗上半天，或甚至幾個小時，就可以讓人盡興而歸的好地方。

info

交通資訊

安康農場地址：新店市莒光路7號
交通：過碧潭大橋，直行走安康路一段，經過第一個路口華城路不久，見莒光路左轉，進入莒光路後不久，左手邊就是安康農場了

生態池。

焦鷯。

生態池裡的白鷺。

木棉花開
鳥兒來

——台北市福星國小

賞鳥，當然是要在大自然野外了，但如果告訴你，台北有處鳥點，不但是在鬧區的西門町，而且還可以搭電梯(包括電扶梯和升降電梯)到達，你一定會說不可能。

但事實上，真有這麼一處鳥點，就在台北中華路福星國小校門口的人行天橋上。

在台北，每年3～4月是木棉花開花的季節，「紅紅的花開滿了木棉道，長長的街好像在燃燒」，歌詞中的這種畫面，就會出現在台北街頭。

木棉花開時，也是賞鳥、拍鳥的好機會。受到木棉花花蕊中的花蜜吸引，麻雀、五色鳥、白頭翁、綠繡眼和輝椋鳥都會飛到木棉花上停留和吸取花蜜，尤其是綠繡眼來得最勤，常常見到牠們一大群飛來，在木棉花上跳躍、吸食和遊戲。

台北市福星國小校門前有一排高大的木棉花，每年花開時，花開滿樹，紅紅一大片，十分壯觀，也吸引很多鳥兒前來。

但木棉花一般都長得很高，想要從地面上賞鳥和拍鳥相當困難。在福星國小校門口旁，就在開封街與中華路交叉口，有一座人行天橋，這是景觀天橋，也是台北市唯一同時設有電扶梯和升降電梯的人行天橋。木棉花開時，可以搭電扶梯或升降電梯上到天橋上。由於天橋的高度約在兩層樓高，所以，站在天橋上，正好可以平視木棉花。

站在天橋上，拿起望遠鏡或相機，靜靜等待，就會看到鳥兒飛到木棉花上。這兒以綠繡很和輝椋鳥最多，尤其是綠繡眼，牠們小小的青綠色身影，配上紅紅的木棉花，構成一幅很美的畫面，讓人百看不厭。

info

交通資訊

福星國小：台北市萬華區中華路一段66號

公車：中華路北站下車，穿越中華路行人穿越道即可抵達

捷運：搭乘捷運板南線至西門站，沿中華路往北步行，約10分鐘可抵達

福星國小前有電扶梯和電梯可以直上人行道天橋賞鳥。

輝椋鳥。

Chapter 6

賞鳥、拍鳥前的
小叮嚀

賞鳥、拍鳥是很知性的戶外活動，一切以自然舒適為主，但出發前還是要先作好必要準備。帶齊了裝備，才可能看到和拍到鳥兒。穿上合適衣著，才能夠確保賞鳥之行安全舒適，又不會驚擾到鳥兒。事先了解賞鳥守則，才能夠在賞完鳥後，把完整的大自然留給後來的鳥友。

觀賞鳥兒
須知

賞鳥是很知性、愉快的活動，目的在接近大自然、觀察大自然、觀察鳥類的生態和活動。為了不打擾鳥兒的生活，所以賞鳥和拍鳥活動大都要透過望眼鏡，或是配備望眼鏡頭的攝影設備，來欣賞或拍攝鳥兒美麗的身影和羽毛，以及觀察牠們的生活習性。

服裝穿著

因為是從事戶外活動，穿著以舒適、自然為最高原則，不要穿顏色太鮮艷的衣服，以免驚動鳥兒，若能穿草綠色或生態迷彩服裝，那更好了。

做好防曬或保暖措施

夏天賞鳥，因為暴露在大太陽下，所以事先要作好防曬措施，戴頂帽子是基本的動作。冬天則要注意保暖。

還有，在觀賞高山鳥類時，因為是置身在高山上，氣溫往往比山下來得低，所以，即使是在夏天，若要跑到高山上賞鳥，一定要記得攜帶保暖衣物，若是冬天，要到高山賞鳥，當然更要注意保暖。

賞鳥裝備

野外賞鳥，最必要的裝備就是7到10倍的雙筒望遠鏡，以輕便型為佳。若是要觀賞距離較遠的水鳥，則需要攜帶倍率較高的單筒望遠鏡，搭配穩定的三腳架，以倍數為25倍、口徑60～70mm為佳。

另外還要帶一本野鳥圖鑑，可以比對看到的鳥種。最好準備一本筆記本，可以隨手記錄看到的鳥種和相關資訊。

最後，不要忘了，一定要帶一顆快樂、與大自然融為一體的心，如此就能整裝出發尋找鳥兒的蹤跡。

拍攝鳥兒須知

攝影裝備

相機規格及周邊配備

如果要拍鳥，最好是使用可以更換鏡頭的數位單眼相機，拍鳥所用的鏡頭都屬望遠鏡頭，且最好是定焦鏡頭，焦距一般從300mm起跳，一直到400mm、500mm和600mm的大砲鏡頭。

因為拍鳥都是遠距離拍攝，機身加望遠鏡頭及其他攝影裝備，重量可不輕，所以拍攝時，一定要把這些裝備架在很穩定的三腳架上，機身更要配合使用快門線或無線遙控裝置，才能確保拍出來的鳥兒都很清晰。

400mm以上的大砲鏡頭，價錢不便宜，鏡頭加上機身、腳架及相關周邊配件，加起來可是一大筆錢。如果不想一下子投入那麼大的資金，可以先買進300mm和400mm比較輕便的鏡頭，先練攝影技巧，等到熟練了，也確定真的對鳥類攝影有濃厚興趣，這時，再來升級大砲鏡頭也不遲。

鏡頭的選擇

Canon和Nikon各有一隻300mm、固定光圈f/4的定焦鏡頭，算得上是拍鳥的入門鏡頭，跟大砲鏡頭比起來，這兩隻鏡頭都很輕巧，但因為都是f4的原廠大光圈定焦鏡頭，畫質相當好，用牠們拍出很漂亮鳥類照片的鳥友為數很多，是大砲鏡頭之外，拍鳥的第一選擇。

Canon則有一隻400mm、固定光圈f/5.6的定焦鏡，雖然光圈小了一級，但如果配上好一點的機身，用牠來拍鳥，保證不會讓你失望。

上述這三隻定焦鏡不但輕巧，和大砲鏡頭比起來，價錢更是親民。

如果沒有300mm以上的鏡頭，70～200mm的變焦鏡，像Canon的小白和小小白，Nikon的小黑三、五、六，用來拍鳥，有時也很好用，像是拍台北植物園的荷花和鳥，以及到大安森林公園拍五色鳥育雛，用這些鏡頭都很夠用，而且拍出來

賞鳥和
拍鳥守則

遇到熱門鳥，拍照的鳥友會很多，大家要守秩序。

的畫質會讓人滿意的。

如果不想那麼麻煩，也不想帶著那麼重的器材在野外走動，那麼，帶顆廣角或標準鏡頭，拍拍風景，也很不錯。若是喜歡拍小蟲、蝴蝶的，帶顆微距鏡頭，拍攝各種昆蟲或蝴蝶生態，絕對會讓你度過一個愉快的戶外之旅。

- 注意安全，保持愉快的心情。
- 勿隨意丟棄垃圾或任意攀折花木，不可破壞自然生態環境。
- 賞鳥時輕聲交談，勿喧嘩。
- 當野鳥已擺出警戒姿勢時，請勿繼續接近。
- 勿飼養野生鳥類或是放生進口鳥類，以免破壞鳥類生態平衡。
- 賞鳥時，遇到鳥類正在築巢或育雛，切記只可遠觀而不可近看，保持適當觀賞距離。
- 拍攝野生鳥類，應採自然光，不可用閃光燈，以免驚嚇牠們。
- 有些鳥類生性害羞，隱密不易觀察，不可使用不當方法引誘其現身。
- 不可過分追逐野生鳥類。
- 不可為了便於觀察或攝影，隨意攀折花木，破壞野鳥棲地及附近植被生態。
- 請尊重鳥類的生存權，不要採集鳥蛋，捕捉野鳥。

Taiwan
08

A
Close
Encounter

我愛鳥·零距離

作　　者　莊勝雄
總 編 輯　張芳玲
主　　編　張焙宜
美術設計　楊啟巽工作室
太雅出版社
TEL：(02)2882-0755　FAX：(02)2882-1500
E-MAIL：taiya@morningstar.com.tw
郵政信箱：台北市郵政53-1291號信箱
太雅網址：http://taiya.morningstar.com.tw
購書網址：http://www.morningstar.com.tw
發 行 所　太雅出版有限公司
　　　　　台北市111劍潭路13號2樓
　　　　　行政院新聞局版台業字第五〇〇四號
承　　製　知己圖書股份有限公司　台中市407工業區30路1號
　　　　　TEL：(04)2358-1803
總 經 銷　知己圖書股份有限公司
　　　　　台北公司　台北市106辛亥路一段30號9樓
　　　　　TEL：(02)2367-2044　FAX：(02)2363-5741
　　　　　台中公司　台中市407工業區30路1號
　　　　　TEL：(04)2359-5819　FAX：(04)2359-5493
　　　　　郵政劃撥　15060393
　　　　　戶名　知己圖書股份有限公司
廣告刊登　太雅廣告部
　　　　　TEL：(02)2836-0755　E-mail：taiya@morningstar.com.tw

初　　版　西元2013年6月10日
定　　價　370元
（本書如有破損或缺頁，請寄回本公司發行部更換，或撥讀者服務專線04-23595819）

ISBN 978-986-336-277-7
Published by TAIYA Publishing Co.,Ltd.
Printed in Taiwan

國家圖書館出版品預行編目 (CIP) 資料

我愛鳥.零距離：鏡頭下的精靈，我的心跟著妳飛 / 莊勝雄作. -- 二版. -- 臺北市：太雅，
　　2018.12　面；　公分. -- (台灣深度旅遊；8)　ISBN 978-986-336-277-7(平裝)
　　1. 鳥 2. 賞鳥 3. 臺灣　　　　388.833　　　　　107017525

這次購買的書名是：**我愛鳥・零距離** Taiwan 08

以下問題有星號＊必填，並以正楷填寫清晰。

＊ 01 姓名：_____ 性別：□男 □女

02 生日：民國_____年_____月_____日

＊ 03 您的電話：_____

＊ 04 E-Mail：_____

＊ 05 地址：□□□□ _____

06 您的職業類別是： □製造業 □金融業 □傳播業 □服務業 □自由業 □商業

　　□家庭主婦 □教師 □軍人 □公務員 □學生 □其他_____

07 每個月的收入： □18,000以下 □18,000～22,00 □22,000～26,000

　　□26,000～30,000 □30,000～40,000 □40,000～60,000 □60,000以上

08 您從何得知本書的出版？

　　□_____報紙報導 □_____雜誌 □_____廣播節目 □_____網站

　　□_____書展 □逛書店時無意 □電子報 □朋友介紹 □太雅出版社的其它出版品

09 您覺得本書內容實用嗎？

　　□好 □尚可 □沒幫助 □極差

10 您一年購買多少本書籍？約_____本

11 讓您決定購買這本書的主要理由是？

　　□內容清楚、觀念實用 □封面設計 □內頁精緻 □題材符合你所需要 □價格可以接受

　　□其他_____

12 您會建議本書內容哪個部分，一定要改進才可以更好？為什麼？

　　_____

13 您是否已經照著本書開始操作？使用本書心得是？

　　_____

14 最常購買哪類書籍(請用1.2.3排序)

　　□觀光旅遊 □瘦身美容 □親子教養 □文學小說 □藝術設計 □居家手作 □心理勵志

　　□商業理財 □醫療保健 □攝影 □流行時尚、影視娛樂 □宗教

　　□其他_____

15 您曾經買過太雅哪些書籍？_____

16 看完本書，是否也激動你賞鳥、拍鳥的心？是否開始收拾裝備拍鳥去呢？

　　_____

填表日期：_____年_____月_____日

讀者回函

掌握最新的旅遊與學習情報，請加入太雅出版社「旅行與學習俱樂部」

很高興您選擇了太雅出版社，陪伴您一起享受旅行與學習的樂趣。只要將以下資料填妥回覆，您就是「太雅部落格」會員，將能收到最新出版的電子報訊息！

填問卷，送好書

(限台灣本島)

凡填妥問卷(星號＊者必填)寄回、或傳真回覆問卷的讀者，即可獲得太雅出版社「生活手創」系列《毛氈布動物玩偶》或《迷你》一本。活動時間為2013/01/01～2013/12/31，寄書以郵戳為憑，將於4個月內寄出。

二選一，請勾選

太雅部落格
taiya.morningstar.
com.tw

太雅愛看書粉絲團
www.facebook.com/
taiyafans